U0309439

航天科技图书出版基金资助出版

航天型号物资供应商手册

中国航天科技集团公司物资管理办公室　编著

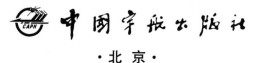

中国宇航出版社

·北京·

图书在版编目(CIP)数据

航天型号物资供应商手册 / 中国航天科技集团公司物资管理办公室编著. -- 北京：中国宇航出版社，2017.12

ISBN 978 - 7 - 5159 - 1406 - 0

Ⅰ.①航… Ⅱ.①中… Ⅲ.①航天工业－物资保障－手册 Ⅳ.①V4－62

中国版本图书馆 CIP 数据核字(2017)第 279029 号

责任编辑　彭晨光

责任校对　祝延萍　　　　封面设计　宇星文化

出　版
发　行　**中国宇航出版社**

社　址　北京市阜成路 8 号　邮　编　100830
　　　　(010)60286808　　(010)68768548
网　址　www.caphbook.com
经　销　新华书店
发行部　(010)60286888　　(010)68371900
　　　　(010)60286887　　(010)60286804(传真)
零售店　读者服务部
　　　　(010)68371105
承　印　河北画中画印刷科技有限公司

版　次　2017 年 12 月第 1 版
　　　　2017 年 12 月第 1 次印刷
规　格　787×1092
开　本　1/16
印　张　13.75
字　数　335 千字
书　号　ISBN 978 - 7 - 5159 - 1406 - 0
定　价　148.00 元

本书如有印装质量问题，可与发行部联系调换

航天科技图书出版基金简介

航天科技图书出版基金是由中国航天科技集团公司于 2007 年设立的，旨在鼓励航天科技人员著书立说，不断积累和传承航天科技知识，为航天事业提供知识储备和技术支持，繁荣航天科技图书出版工作，促进航天事业又好又快地发展。基金资助项目由航天科技图书出版基金评审委员会审定，由中国宇航出版社出版。

申请出版基金资助的项目包括航天基础理论著作，航天工程技术著作，航天科技工具书，航天型号管理经验与管理思想集萃，世界航天各学科前沿技术发展译著以及有代表性的科研生产、经营管理译著，向社会公众普及航天知识、宣传航天文化的优秀读物等。出版基金每年评审 1～2 次，资助 20～30 项。

欢迎广大作者积极申请航天科技图书出版基金。可以登录中国宇航出版社网站，点击"出版基金"专栏查询详情并下载基金申请表；也可以通过电话、信函索取申报指南和基金申请表。

网址：http：//www.caphbook.com

电话：(010) 68767205，68768904

《航天型号物资供应商手册》
编审委员会

主　任　　徐　强

副主任　　师宏耕　　张海利

委　员　　李京苑　　董丽云　　刘新民　　李越森　　常　明
　　　　　王建国　　徐炳乾　　陈小中　　赵　立　　于文清
　　　　　蒋顺成　　李　晖　　郭俊翔　　江理东　　李　涛

《航天型号物资供应商手册》
编写工作组

组　长　　张海利

副组长　　余　斌　　达　猛

组　员　　闫　锦　　戈　勇　　王杰林　　李志云　　梁丰爽
　　　　　郭传伟　　刘明全　　石　锋　　王　闯　　张　岗
　　　　　薄　鹏　　张红旗　　孟　猛　　闫富有　　赵　杰
　　　　　李玉坤　　李　澍　　姜　强　　马　军　　王敬贤
　　　　　姚　莉　　陈　强　　张忠伟　　陈金波

前　言

21世纪以来，我国的航天科技工业取得了以载人航天工程、探月工程为代表的一系列航天型号任务的圆满成功，正在努力从航天大国向航天强国迈进。航天型号物资是航天科技工业的基础，对航天型号任务的成功具有至关重要的作用，航天型号物资的固有质量和可靠性、供应进度和成本主要取决于供应商。为使供应商快速、全面、准确了解和把握中国航天科技集团公司航天型号质量管理、物资管理和供应商管理的有关要求，帮助供应商提升航天型号物资配套保证能力，中国航天科技集团公司物资管理办公室组织各院联合编写了《航天型号物资供应商手册》。

《航天型号物资供应商手册》共6章：第1章，中国航天科技集团公司简介，介绍了中国航天科技集团公司的总体情况、组织机构和主要成员单位；第2章，航天型号物资分类与特点，介绍了航天型号物资的构成、特点、意义和作用，以及航天型号对物资的要求；第3章，航天型号物资管理，介绍了与供应商有关的物资需求规划、认定评价、选用、采购、质量保证、新型物资等重要物资管理环节的管理要求；第4章，航天型号物资供应商管理，主要介绍了航天型号物资供应商的准入管理、绩效评价、关系管理、档案管理等，并明确了航天型号物资供应商的权利、责任与义务；第5章，航天型号物资产品保证，介绍了围绕航天型号"精细化"、"零缺陷"等质量要求实施的一系列管理上、技术上的控制措施，并以型号研制生产过程中暴露的物资质量问题作为典型案例进行了分析；第6章，航天型号物资供应商信息化要求，介绍了航天型号物资供应商信息化的建设要求及建设内容。

各章作者为：第1章，戈勇、郭传伟、张岗、闫富有、赵杰、李玉坤、马军；第2章，闫锦；第3章，李志云、薄鹏、张红旗、孟猛；第4章，王杰林、梁丰爽；第5章，达猛、石锋、王闯、薄鹏、孟猛、李澍、姜强、王敬贤、姚莉、陈强、张忠伟、刘明全；第6章，陈金波、梁丰爽。

编写过程中，得到了编审委员会各位领导、专家的指导和把关，得到了中国宇航出版社的帮助与支持，编写工作组在此谨对为《航天型号物资供应商手册》出版作出贡献的所有同志一并表示衷心感谢！

编写工作组

2017年11月

中国航天科技集团公司型号配套物资

供应商须知

一、具备良好的军工意识，重视航天型号配套生产任务，具有为航天型号配套服务的荣誉感和责任心。

二、实行质量责任终身追究制度，建立健全质量管理体系，通过 GJB 9001B 体系认证，深入推进精细化质量管理，建立"零缺陷"质量文化。

三、固有质量问题应按照航天"双五条"标准进行技术归零与管理归零。

四、企业性质、生产线、设计与工艺技术状态等发生重大变化时，应及时反馈航天用户。

五、航天型号物资相关信息要准确、规范、及时、可追溯，并按要求传递给航天用户。

六、严格遵守国家法律法规，不得有欺诈、恶性竞争、恶意串通、不诚信等违法违规行为。

七、严格遵守反腐倡廉有关要求，严禁给予航天用户有关人员现金回扣、礼品及有价证券等，严禁组织航天用户有关人员参加旅游、娱乐、健身等与工作无关的活动。

八、保守国家秘密和航天商业秘密。

目　录

第1章 中国航天科技集团公司简介

本章简要对中国航天科技集团公司的总体情况、组织机构和主要成员单位进行了介绍，以便供应商更加全面地了解集团公司。

1.1 集团公司总体情况

中国航天工业创建于 1956 年，历经国防部第五研究院、第七机械工业部、航天工业部、航空航天工业部、中国航天工业总公司等发展阶段。1999 年 7 月 1 日经国务院批准，在原中国航天工业总公司所属部分企事业单位基础上组建了中国航天科技集团公司（以下简称集团公司）和中国航天机电集团公司（2001 年更名为中国航天科工集团公司），两家集团公司由中央直接管理，总部均设在北京，前者总部在北京市海淀区阜成路 16 号航天科技大厦，后者总部在北京市海淀区阜成路甲 8 号航天科工大厦。

集团公司以宇航系统、导弹武器系统、航天技术应用产业、航天服务业为四大主业，承担着我国全部的运载火箭、应用卫星、载人飞船、空间站、深空探测飞行器等宇航产品及全部战略导弹和部分战术导弹等武器系统的研制、生产和发射试验任务。作为我国航天科技工业的主导力量，集团公司是国家首批创新型企业，创造了以载人航天工程和月球探测工程两大里程碑为标志的一系列辉煌成就，在推进国防现代化建设和国民经济发展中做出了重要贡献。

集团公司目前辖有 8 个大型科研生产联合体（研究院）、11 家专业公司、11 家上市公司和若干直属单位，拥有 10 余个国防科技重点实验室、1 个国家工程实验室、5 个国家级工程研究中心，研发和产业基地主要分布在北京、上海、西安、成都、天津、内蒙古、深圳（香港）、海南等地。目前，集团公司从业人员 17 万余人，已培养形成了以重点学科带头人为代表的科技人才、以优秀企业家为代表的经营管理人才和以能工巧匠为代表的技能人才等人才队伍。在出成果、出人才的同时，孕育形成了航天精神、"两弹一星"精神和载人航天精神，以及以"以国为重、以人为本、以质取信、以新图强"为核心的价值观，具有鲜明时代特征和航天特色的企业文化，拥有神舟、长征等著名品牌。

1.2 组织机构

集团公司采用三级管理模式，总部为第一层级，各研究院、专业公司、直属单位为第二层级，其下属各设计部（所）、厂及子公司为第三层级。

集团公司总部型号物资的综合管理和归口管理部门为集团公司物资管理办公室，其主要职责是：负责贯彻国家有关部门对型号物资管理的有关规定，与国家有关部门对口联系工作；负责组织制定集团公司型号物资管理规章制度；负责集团公司型号物资工作体系建设及运行监督；负责制定集团公司型号物资工作规划并组织实施；负责组织型号物资选用管理、采购供应、质量保证等工作；负责型号配套元器件、原材料科研项目的管理；负责"核高基"重大专项综合管理；负责推进航天型号关键元器件、原材料自主保障；负责集团公司型号物资供应商管理；负责集团公司物资管理信息化建设；负责集团公司内部有关单位元器件、原材料的科研、生产供应管理。

8 家研究院为：中国运载火箭技术研究院、航天动力技术研究院、中国空间技术研究院、航天推进技术研究院、四川航天技术研究院、上海航天技术研究院、中国航天电子技术研究院、中国航天空气动力技术研究院。

各院设立明确的型号物资管理部门，全面负责本院型号物资采购供应和管理工作，其主要职责是：制定本院物资管理的规定和办法；负责本院型号物资的选用、计划、质量和经费等工作；负责本院型号物资供应商的管理；组织本院物资管理信息化建设工作；负责本院型号配套新型物资的管理工作；负责归口管理本院内的采购供应中心、可靠性中心、失效分析中心、应用验证中心等实施机构。

1.3　主要成员单位情况

1.3.1　中国运载火箭技术研究院

中国运载火箭技术研究院，即中国航天科技集团公司第一研究院，是我国最大的导弹武器和运载火箭研究、设计、试制、试验和生产基地。其前身是国防部第五研究院一分院，成立于 1957 年 11 月 16 日，第一任院长由钱学森同志兼任。作为中国航天的发祥地，建院以来，成功研制了 10 余型长征系列运载火箭，形成了长征系列火箭型谱，具备了发射近地轨道、太阳同步轨道、地球同步转移轨道卫星或航天器的能力，实现了从常规推进剂到低温推进剂、从串联到捆绑、从一箭单星到一箭多星、从发射卫星到发射载人飞船的技术跨越，培育了中国第一、世界知名、在国际高科技产业具有自主知识产权的长征运载火箭品牌，奠定了中国航天事业发展的基础，使中国运载火箭技术处于世界先进水平。与此同时，中国运载火箭技术研究院成功研制了多型近程、中程、远程、洲际战略导弹和战术导弹，为我国的国防现代化建设提供了有力支撑。

中国运载火箭技术研究院主营业务覆盖系统总体、空间飞行、结构与强度、自动控制、地面发控、伺服机电、计量测试、强度与环境、新材料、特种制造、总装总测、新能源、煤化工等多方面专业技术，具有先进雄厚的生产制造能力。

中国运载火箭技术研究院总部位于北京，主要成员单位有一院研究发展中心、北京宇航系统工程研究所、战术武器事业部、北京临近空间飞行器系统工程研究所、北京航天自动控制研究所、北京航天长征飞行器研究所、北京航天发射技术研究所、北京精密机电控制设备研究所、北京强度环境研究所、航天材料及工艺研究所、首都航天机械公司、长治清华机械厂、物流中心、北京航天万源科技公司、泰安航天特种车有限公司等。

中国运载火箭技术研究院型号物资管理部门为质量保证部和物流中心。联系电话：010－68769439，传真：010－68381503。

1.3.2　航天动力技术研究院

航天动力技术研究院，即中国航天科技集团公司第四研究院，是我国历史最久、种类最全、规模最大、实力最强的固体火箭发动机专业研究院。其前身是国防部第五研究院固体发动机研究所，成立于 1962 年 7 月 1 日。作为中国固体动力事业的奠基者，建院 50 多年来，从第一根固体药柱到首台 300 毫米固体发动机，从第一台复合材料壳体到第一台高能固体发动机再到第一台 2 米固体发动机，从首台 120 吨大推力发动机到国内最大的直径 3 米两分段固体发动机，几代人自力更生、艰苦奋斗、无私奉献，创造了我国固体动力技术的多项"第一"，实现了我国固体动力从无到有、从小到大、从跟踪逐步走上自主创新的快速发展之路，直接推动了我国多个战略导弹武器系统的立项研制，为我国武器装备和国防现代化建设做出了突出贡献。

航天动力技术研究院主要承担着我国重点战略、战术、防空反导反卫导弹和宇航工程领域主要的固体动力的研制、生产、试验及在该领域内的重大预先研究任务，是军委装备发展部火箭发动机及推进剂专业组组长单位，也是国防科工局确定的唯一的固体发动机统筹建设单位。在发展固体动力技术的同时，积极参与探空火箭系统及小型导弹武器系统的研制工作，目前部分产品已实现批产并装备部队。

航天动力技术研究院总部位于陕西西安，主要成员单位有西安航天动力技术研究所、湖北航天化学技术研究所、西安航天复合材料研究所、陕西电器研究所、西安航天动力测控技术研究所、西安航天动力机械厂、西安航天化学动力厂等。

航天动力技术研究院型号物资管理部门为科研生产部。联系电话：029－83601392，传真：029－83608222。

1.3.3　中国空间技术研究院

中国空间技术研究院，即中国航天科技集团公司第五研究院，成立于 1968 年 2 月 20 日，主要从事空间技术开发、航天器研制、空间领域对外技术交流与合作、航天技术应用等业务；参与制定国家空间技术发展规划，研究有关探索、开发、利用外层空间的技术途径，承接各类航天器和地面应用设备的研制业务并提供相应的服务，已成为我国主要的空间技术及其产品研制基地。中国空间技术研究院先后成功研制了中国第一颗人造地球卫星——东方红一号，神舟一号、二号、三号、四号、八号无人试验飞船，神舟五号、六号、七号、九号、十号、十一号载人飞船，嫦娥一号、二号、三号月球探测器及多型应用卫星，已经形成了载人航天、深空探测、导航定位、对地观测、通信广播、空间科学与技术试验等六大系列航天器，实现了大、中、小、微型航天器的系列化、平台化发展。在载人飞船技术、卫星回收技术、一箭多星技术、地球同步轨道通信卫星技术和遥感卫星技术等领域已跨入世界先进行列。各类航天器在国民经济、国防建设、文化教育和科学研究等领域得到了广泛应用。

中国空间技术研究院形成了空间飞行器总体设计、分系统研制生产、总装测试、环境试验、地面设备制造及卫星应用、服务保障等配套完整的研制生产体系，已经形成了以通信广播卫星、返回式卫星、地球资源卫星、气象卫星、科学探测与技术试验卫星、导航定位卫星和载人飞船七大航天器系列为主的航天器研制业务，建成了集系统设计与集成、总装、测试、试验一体化的新型航天器研制生产基地。拥有我国规模最大、设施最先进的北京空间技术研制试验中心，具有国际先进水平的现代化大型航天器总装、测试、试验能力，是国际上重要的航天器 AIT 中心之一。

中国空间技术研究院总部位于北京，主要成员单位有钱学森空间技术实验室、宇航物资保障事业部、北京空间飞行器总体设计部、北京卫星环境工程研究所、通信卫星事业部、载人航天总体部、西安分院、北京控制工程研究所、北京空间机电研究所、兰州空间技术物理研究所、山东航天电子技术研究所、天津航天机电设备研究所、北京卫星制造厂、航天东方红卫星有限公司、航天恒星科技有限公司、深圳航天东方红海特卫星有限公司等。

中国空间技术研究院型号物资主管部门为宇航物资保障事业部。联系电话：010－68747351，传真：010－68746312。

1.3.4　航天推进技术研究院

航天推进技术研究院，即中国航天科技集团公司第六研究院，成立于 1969 年 12 月 3 日，其前身是第七机械工业部 067 基地，2001 年，经国务院批准，更名为航天推进技术研究院。是我国唯一的集运载火箭主动力系统、轨姿控动力系统及空间飞行器推进系统研究、设计、生产、试验为一体的航天液体动力技术研究院，被誉为航天液体动力的"国家队"。

航天推进技术研究院秉承发展航天、动力先行的历史使命，先后成功研制了上百种拥有完全自主知识产权的液体火箭发动机，形成了完整的航天液体动力产品系列。功能从主发动机到上面级发动机、轨姿控发动机；应用领域从运载火箭到卫星、飞船等各种用途的航天器；为我国第一、第二代战略导弹武器提供了强劲的动力；先后装备了长征一号、二号、三号、四号运载火箭和长征五号、六号、七号新一代运载火箭，推举长征系列运载火箭实现双百发射，成功将包括东方红一号卫星在内的广播通信、气象海洋、地球资源、导航定位、科学技术试验等系列卫星，神舟一号至十一号飞船，天舟一号货运飞船和嫦娥系列月球探测器推举升空，并为其提供空间推进系统。

航天推进技术研究院总部位于西安，主要成员单位有西安航天动力研究所、北京航天动力研究所、上海空间推进研究所、西安航天发动机厂、北京航天试验技术研究所、西安航天动力试验技术研究所、中国长江动力集团有限责任公司、陕西航天动力高科技股份有限公司、西安航天计量测试研究所等。

航天推进技术研究院型号物资管理部门为物资处。联系电话：029－85206817，传真：029－85206896。

1.3.5　四川航天技术研究院

四川航天技术研究院，即中国航天科技集团公司第七研究院，其前身是 1965 年组建的第七机械工业部 062 基地，1986 年 064 基地并入，2005 年 1 月经国家批准正式更名为四川航天技术研究院，是我国重要的航天型号产品批生产基地、重要的战术武器和宇航产品科研生产单位，先后承担并圆满完成了国家多种航天重大装备的研制生产任务，研制的产品多次参加国庆阅兵；在载人航天工程、探月工程等重大工程任务和商业卫星发射任务中，承担了常规运载火箭 47％的箱体、运载火箭 95％的火工品、载人飞船 80％的火工品等研制生产任务，为我国航天事业和国防现代化建设做出了突出贡献。成功开发了卫士系列武器系统，实现了对外出口和技术转让，卫士已成为国际军贸领域的知名品牌。

四川航天技术研究院已建成集科研、工业、商贸、办公和教育于一体的航天科技园区，建立了以重大装备制造、综合机械加工、精密机械加工、电子控制仪器设备、精确制导设备、液压伺服机构、电液控制系统、火工装置、微型涡喷发动机为特长的专业配套的科研生产体系。

四川航天技术研究院总部位于四川成都，主要成员单位有第七总体设计部、长征机械厂、燎原无线电厂、烽火机械厂、川南机械厂、四川达宇特种车辆制造厂、四川航天计量测试研究所（7140 计量站）、重庆航天机电设计院、成都航天万欣科技有限公司等。

四川航天技术研究院型号物资管理部门为质量技术部。联系电话：028－84803001，传真：028－84809062。

1.3.6　上海航天技术研究院

上海航天技术研究院，又称为上海航天局，即中国航天科技集团公司第八研究院，前身为上海市第二机电工业局，创建于 1961 年 8 月。50 多年来已成为"弹、箭、星、船、器"多领域并举、军民融合式发展的国防科技工业骨干企业，是我国航天事业的中坚力量。上海航天技术研究院拥有完备的导弹武器系统研制和批生产能力，先后承担了我国地空、舰空、空空等 20 余型导弹武器系统的研制生产任务。在导弹总体、导引头、制导、引信、雷达等专业领域具有领先优势；先后抓总研制了风暴一号、长征二号丁、长征三号（一、二级）、长征四号系列和长征六号新一代运载火箭。目前正在开展远征三号多星发射上面级研制，并负责长征五号运载火箭 3.35 米助推器及部分芯级产品研制配套。在长征系列运载火箭已完成的发射中，上海航天技术研究院运载火箭发射约占 1/3；作为我国应用卫星的主要研制单位之一，承担了我国"气象环境"、"电磁监测"、"对地遥感"等卫星领域的研制任务，在天气预报、自然灾害和环境监测、空间实验、资源普查等方面发挥了巨大作用。风云系列气象卫星被世界气象组织列入世界气象业务应用序列；作为载人航天工程主要研制单位之一，主要承担载人飞船和空间实验室的推进舱/资源舱、电源分系统、对接机构分系统、测控通信分系统的研制，已成功完成了多次载人飞行任务。同时，承担了探月工程月面着陆器、月面巡视探测器关键系统的研制；依托航天先进技术，积极面向市场，经过多年培育，形成光伏、高端汽配、动力锂离子电池、燃气输配设备、机电装备制造、新材料等产业格局，并实现了产业的集群化、归核化发展。航天服务业涉及国际贸易、资产经营管理、综合保障、建筑设计总承包管理、职工疗养和体检等领域。

上海航天技术研究院主要承担防空导弹、运载火箭、卫星、载人航天和深空探测等航天型号产品研制任务，航天技术应用产业和航天服务业方面主要涉及新能源、高端汽配、办公自动化设备、新材料、机电产品、进出口贸易等。

上海航天技术研究院总部位于上海，主要成员单位有上海机电工程研究所、上海宇航系统工程研究所、上海卫星工程研究所、上海航天设备制造总厂、上海航天精密机械研究所、上海卫星装备研究所、上海航天无线电设备研究所、上海航天控制技术研究所、上海航天电子技术研究所、上海航天化工应用研究所、上海航天基础技术研究所、上海空间电源研究所。除上海航天化工应用研究所部分所区在浙江湖州，其余厂（所）均位于上海。

上海航天技术研究院型号物资管理部门为物资管理部。电话：021－24180148，传真：021－24180188。

1.3.7　中国航天电子技术研究院

中国航天电子技术研究院，即中国航天科技集团公司第九研究院，是航天电子专业大型科研生产联合体，于 2009 年 2 月以航天时代公司资源为基础组建而成。作为航天军工领域综合电子、惯性导航和电子元器件的领跑者，其产品应用于航天弹、箭、星、船所有型号，广泛服务于航空、船舶、兵器、核工业等国防军工领域。

中国航天电子技术研究院致力于惯性导航、遥测遥控、航天计算机及软件、微电子、机电组件等传统优势专业技术的提升，同时充分发挥型号系统与电子技术相结合的优势，推动技术融合与系统集成，开发系统级产品。中国航天电子技术研究院具有较强的惯性器件及惯导系统设计、制造、测试能力，研制出了从位置捷联到速率捷联，从静压气浮、液浮、挠性到静压液浮陀螺平台等各类惯性导航系统及仪表，研制出的新型激光陀螺、光纤陀螺等产品已投入使用；具有完整的遥测遥控、卫星导航、星船有效载荷、星船通信数据处理等关键技术及产品的研究、开发、设计制造能力；具有多年研究和生产航天计算机的经验，具备低功耗、长寿命、小型化、能够适应各种恶劣环境条件的宇航计算机系统设计与制造能力，在国内率先实现了微电子和计算机系统一体的技术融合；具有集设计、制版、工艺、测试、封装、失效分析与检测为一体的完整集成电路产业链，拥有百万门级超大规模集成电路设计平台；具备微米和超深亚微米（1.2～0.18 微米）电路的设计能力，0.25 微米电路的生产工艺能力；拥有先进的 6 英寸 0.35 微米集成电路生产线；是中国航天机电组件设计、试验和检测中心及生产基地，具有高可靠继电器和电连接器独特的设计、生产体系和较强的规模生产能力，已经研制生产了几百个品种的继电器和上百个系列千余种规格的电连接器，军民两用，居国内最高的质量等级和水平。与此同时，以现有专业技术为基础，中国航天电子技术研究院自主研制开发了无人机信息系统、以通用型和智能化为技术基础的航弹系统、微小型系统级产品，并致力于在精确制导领域和动基座为平台的信息系统领域有所突破，实现产品的系列化、国际化。

中国航天电子技术研究院总部位于北京，主要成员单位有北京航天微系统研究所、北京航天无人机系统工程研究所、北京航天控制仪器研究所、北京遥测技术研究所、北京航天光华电子技术有限公司、北京兴华机械厂、上海航天电子有限公司、陕西航天导航设备有限公司、西安航天精密机电研究所、重庆航天火箭电子技术有限公司、西安微电子技术研究所、北京微电子技术研究所、北京航天微机电技术研究所、桂林航天电子有限公司、郑州航天电子技术有限公司、杭州航天电子技术有限公司等。

中国航天电子技术研究院型号物资管理部门为物资部。联系电话：010－88106389，传真：010－88106313。

1.3.8　中国航天空气动力技术研究院

中国航天空气动力技术研究院，即中国航天科技集团公司第十一研究院，其前身是成立于 1956 年的北京空气动力研究所，经历了空气动力研究室、北京空气动力研究所、航天空气动力技术研究院的历史沿革。2004 年，其作为国防科工局首批试点单位，进行了军品科研能力结构调整，并由研究所升级为航天空气动力技术研究院，2007 年，由国家正式命名为中国航天空气动力技术研究院，是我国第一个大型空气动力研究与试验基地和中国空气动力研究的核心机构，从创建之初，一直从事航空航天飞行器研制所需的大量气动力/热研究工作，参与了国内各类飞行器的研制工作，成功解决了一批航空航天型号气动关键技术问题，为航天、航空事业的发展和国民经济建设做出了重要贡献。

建院以来，完成了由单一气动研究试验为主、向以空气动力及相关技术为核心的四大主业协调发展的战略转型，现已形成以空气动力、特种飞行器、环境工程、测控系统为主的四大主业及其相关领域协调快速发展的新局面，业务范围涵盖飞行器空气动力综合技术研究、空气动力技术应用与试验、空气动力相关设备设计制造、特种飞行器总体设计与制造、环保工程应用、测控及传感器技术应用等多个方面。在空气动力技术方面，开发和研制了各种飞行器气动外形优化设计平台和气动性能预测方法，具备功能强大的 CFD 模拟能力；拥有技术先进、配套齐全的低速风洞、亚跨超声速风洞、高超声速风洞、电弧加热器和电弧风洞等专用试验设备以及与之配套的先进的测控系统，建成了 1.2 米量级地面模拟试验设备体系。在特种飞行器方面，以彩虹系列无人机为代表的特种飞行器产业现已形成了小型、中近程及大型高端无人机研制体系，具备了总体设计和系统集成能力，近年来中国航天空气动力技术研究院已成为中国首个实现无人机批量出口且出口量最大的单位，自主研制的某超近程无人机批量列装部队，并成为国家太阳能无人机总体技术发展的牵头单位，特种飞行器整体技术能力处于国际先进水平。在航天技术应用领域也逐步发展壮大，在环保工程和测控技术领域实现了产业化发展的跨越。

中国航天空气动力技术研究院位于北京，主要成员单位有空气动力理论与应用研究所、空气动力实验与工程应用研究所、特种飞行器总体技术设计部、风洞工程技术研究所、技术基础研究所及测控技术事业部等。

中国航天空气动力技术研究院型号物资管理部门为质量安全部。联系电话：010－68375167，传真：010－68374758。

1.3.9　中国航天标准化与产品保证研究院

中国航天标准化与产品保证研究院，是集团公司标准化的技术总体和产品保证的专业支撑单位，成立于 2010 年 12 月 16 日，其前身源于 1965 年成立的第七机械工业部标准化研究所（七〇八所）和可靠性与质量控制研究所（七〇五所）。中国航天标准化与产品保证研究院，围绕航天型号的研制需要，制定了大量国家军用标准和航天行业标准，制定并发布国际标准 1 项。

中国航天标准化与产品保证研究院履行航天标准技术归口、专业支持、国际合作和产品保证专业技术支持、评价职能，具有为航天型号、通用产品、基础产品提供标准化与产品保证技术支持和服务的专业能力和专业队伍，建有寿命与可靠性分析验证、标准紧固件和机电元件检测、软件安全性验证的专业实验室。

中国航天标准化与产品保证研究院位于北京，主要成员单位有航天标准研究所、航天元器件保证研究所、质量管理研究所、可靠性研究所、标准紧固件事业部和产品评价事业部等业务部门。航天元器件保证研究所负责协助集团公司主管部门开展宇航元器件标准体系建设及评价认定、供应商及产品合格目录管理、国产元器件应用推广、航天型号元器件信息化服务、元器件相关国际交流合作以及元器件共性基础研究等工作；标准紧固件事业部负责协助集团公司主管部门开展航天标准紧固件供应商的管理工作，为航天标准紧固件的合格鉴定、选用、复验、失效分析工作提供技术支持，负责航天标准紧固件合格鉴定工作的组织实施；航天标准研究所负责协助集团公司主管部门开展材料供应商的管理工作。

中国航天标准化与产品保证研究院联系电话：010－88108103，传真：010－88108284。

1.3.10　北京神舟航天软件技术有限公司

北京神舟航天软件技术有限公司重组成立于 2003 年 11 月 11 日，是由集团公司控股的唯一专业化软件企业，是国家认定的重点高新技术软件企业，是集团公司软件研发中心的技术依托实体。历经多年研发，形成一系列具有自主知识产权的软件产品，在大运载、神舟飞船、资源卫星等型号设计和支撑系统中得到成功应用。北京神舟航天软件技术有限公司在支撑航天科研生产管理数字化建设方面，打破了国外同类软件产品在技术和价格上的垄断地位，在国防军工领域实现了对国外产品的替代，树立起在国防军工行业发展民族自主软件的一面旗帜。

作为集团公司信息化建设总体集成商，北京神舟航天软件技术有限公司秉承"立足航天、面向军工、服务社会"的理念，为客户提供高安全等级的信息化整体解决方案及服务，包括信息化咨询规划、产品开发、系统集成、运营服务，开发的软件产品涉及工程软件、管理软件、政务软件、数据库等基础软件。未来，北京神舟航天软件技术有限公司将持续把传统软件业务与云计算等新技术相融合，迎合"互联网＋"的发展趋势，不断以智慧创新，为用户提供"智"的服务，以实现用户智慧企业、智慧城市的"智"的梦想。

在集团型号物资管理方面，北京神舟航天软件技术有限公司负责集团公司航天型号物资保证信息平台的开发和技术支持，平台支撑集团公司及所属单位型号物资管理的全过程（型号物资编码、型号物资选用目录、型号物资配套数据库、需求、采购、复验、筛选、仓储、配套、装机使用等环节）管理，以及新型物资科研项目管理、质量问题管理、型号物资供应商管理等；负责集团公司型号配套合格供应商终端系统的开发，使供应商通过供应商终端系统对物资编码、采购合同、交货进度、发货清单等信息进行管理并通过加密方式及时同步到集团公司网络系统，保持集团公司各所属单位和供应商之间的相关信息同步。

北京神舟航天软件技术有限公司总部位于北京，共设立 13 家分、子公司，形成了覆盖全国的服务体系，其支撑集团公司型号物资管理的部门为智能制造事业本部，联系电话：010－59895376，传真：010－59895632。

1.3.11　集团公司元器件保证研究中心

集团公司元器件保证研究中心成立于 2011 年 9 月，中心挂靠在航天标准化与产品保证研究院，由一院、五院、八院、九院和航天标准化与产品保证院的元器件保证机构共同组成。中心是集团公司航天元器件保证工作的技术支撑机构，是航天元器件保证技术的研究机构。业务由集团公司物资管理办公室归口管理。中心主要负责组织开展航天元器件需求规划研究；组织开展关键元器件的选用控制、质量保证、应用等过程的保证方法研究；负责航天元器件产品评价认定的日常工作，负责制定元器件评价认定合格产品目录并进行动态维护；构建国产元器件工程应用的推广平台，组织开展应用推广；承担航天元器件保证信息的采集、分析与发布工作；组织开展航天元器件保证技术的交流与培训等工作。

集团公司元器件保证研究中心联系电话：010－88108285，传真：010－88108284。

第2章 航天型号物资分类与特点

本章重点对航天型号物资的分类、特点、意义和作用以及航天型号对物资的要求进行了说明和介绍。

2.1 航天型号物资的分类

航天型号物资是研制生产航天产品的单位通过采购活动从单位外部获得的，经过装配、加工等生产环节最终构成航天产品的基础产品。

航天型号物资按照门类，分为元器件、原材料和标准紧固件等；按照物资成熟度，分为新型（科研）、试制和通用（定型、批生产）物资；按照产地，分为国产和进口物资。以下按照物资门类分别进行介绍。

2.1.1 航天元器件

航天元器件的分类具体见附录A：《航天型号配套物资分类与代码 第1部分：电气、电子和机电元器件》（Q/QJA 40.1—2007），主要包括20大类，如图2-1所示。大类下面又按照功能、工艺、结构、原理等分为若干中类、小类、细类。

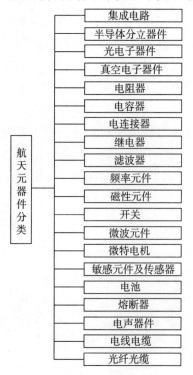

图2-1 元器件分类

以上各类元器件的具体分类如图 2-2～图 2-21 所示。

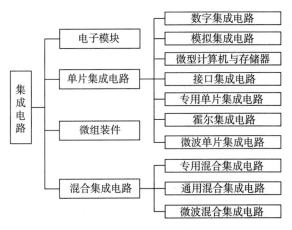

图 2-2 集成电路分类

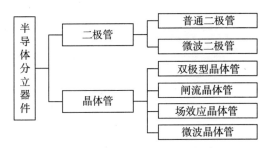

图 2-3 半导体分立器件分类

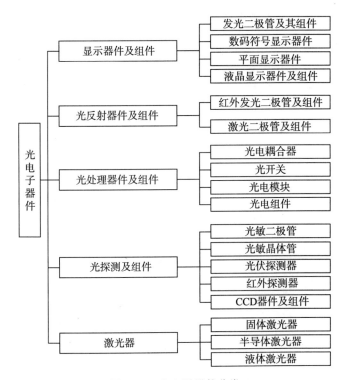

图 2-4 光电子器件分类

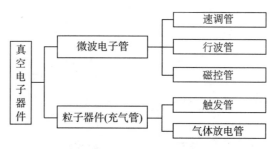

图 2-5　真空电子器件分类

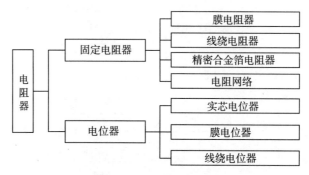

图 2-6　电阻器分类

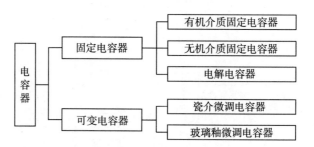

图 2-7　电容器分类

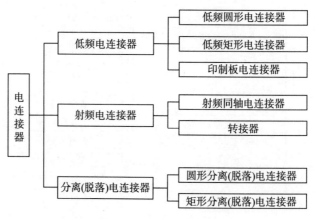

图 2-8　电连接器分类

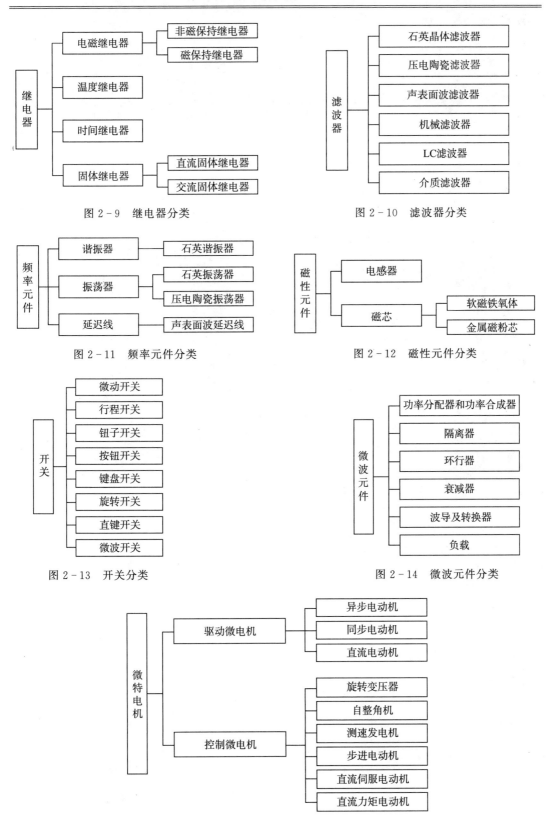

图 2 - 9　继电器分类

图 2 - 10　滤波器分类

图 2 - 11　频率元件分类

图 2 - 12　磁性元件分类

图 2 - 13　开关分类

图 2 - 14　微波元件分类

图 2 - 15　微特电机分类

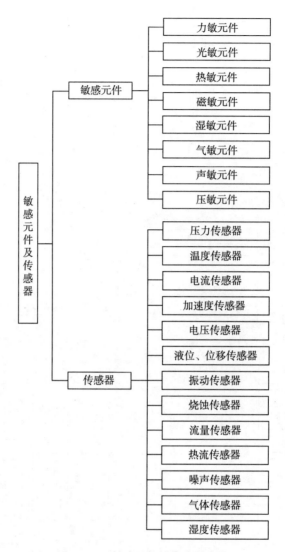

图 2-16　敏感元件及传感器分类

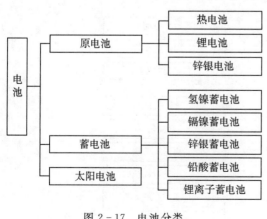

图 2-17　电池分类

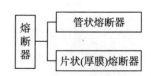

图 2-18　熔断器分类

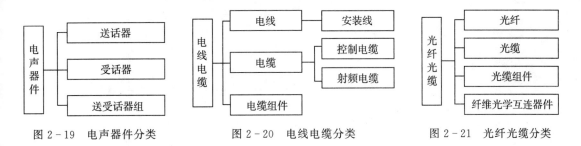

图 2-19　电声器件分类　　　　图 2-20　电线电缆分类　　　　图 2-21　光纤光缆分类

2.1.2　航天原材料

航天原材料指航天型号产品应用的各种金属材料、非金属材料及复合材料。

金属材料、非金属材料及复合材料均按照四级进行分类：Ⅰ级、Ⅱ级、Ⅲ级和Ⅳ级。

（1）金属材料

航天用金属材料的分类具体见附录 C：《航天型号配套物资分类与代码　第 3 部分：金属材料》（Q/QJA 40.3—2009）。Ⅰ级分类包括黑色金属和有色金属两类，如图 2-22 所示。

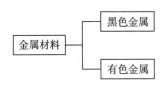

图 2-22　金属材料分类

黑色金属Ⅱ级分类为铸造合金、厚板、薄板、带材、棒材、丝材、管材、型材、锻件、铸件、粉末及粉末冶金材料、焊接材料、制品；Ⅲ级基本按照材质分类，如普通碳素结构钢、不锈钢、高温合金、精密合金等。具体分类如图 2-23 所示。

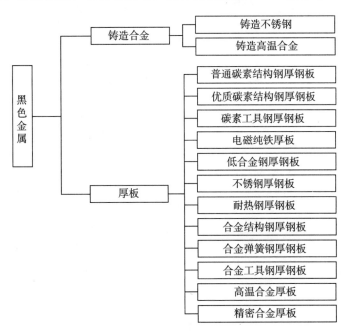

图 2-23　黑色金属材料分类

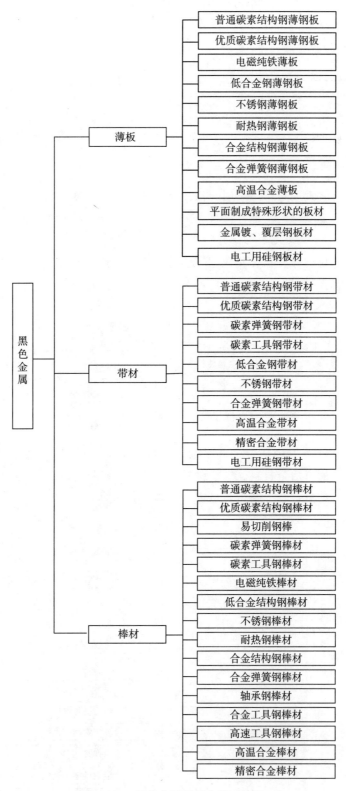

图 2-23　黑色金属材料分类（续 1）

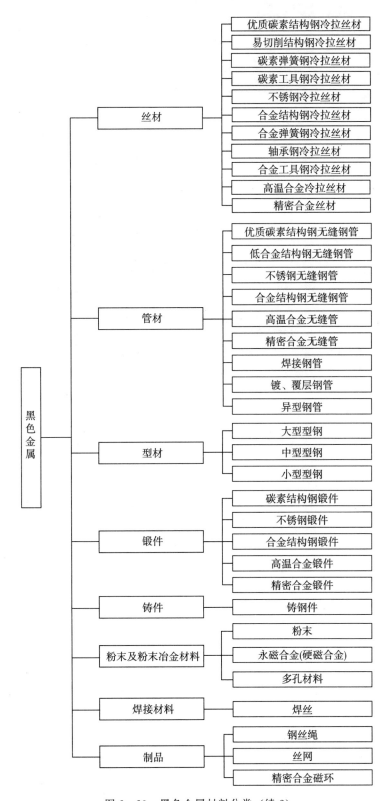

图 2 - 23　黑色金属材料分类（续 2）

有色金属Ⅱ级分类为铸锭及冶炼产品、贵金属、轻金属、重金属、稀有金属、粉末及粉末冶金材料、焊接材料、制品；Ⅲ级基本按照材质分类。具体分类如图 2-24 所示。

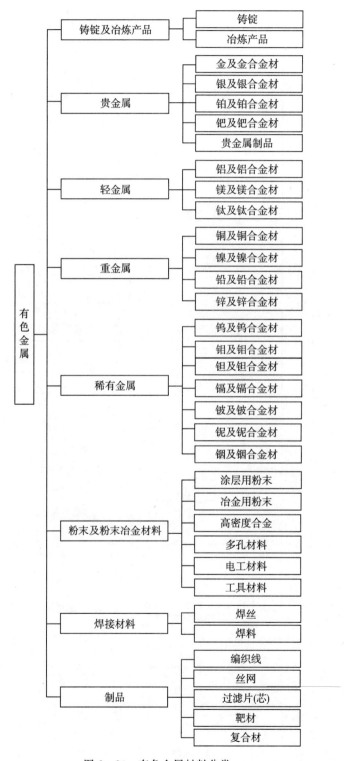

图 2-24　有色金属材料分类

（2）非金属材料

航天用非金属材料分类具体见附录 D：《航天型号配套物资分类与代码　第 4 部分：非金属材料》（Q/QJA 40.4—2009）。Ⅰ级分类包括橡胶及橡胶制品、塑料制品、合成树脂、胶黏剂、涂料、纤维及特种纺织品、石油产品、基础化学品、推进剂及火炸药、碳/石墨材料及制品、陶瓷材料及制品、特种玻璃和矿物质等 13 类，如图 2-25 所示。

Ⅰ级下，按照功能、型态、材质等细分Ⅱ级、Ⅲ级和Ⅳ级类别。

各类非金属材料的具体分类如图 2-26～图 2-37 所示。

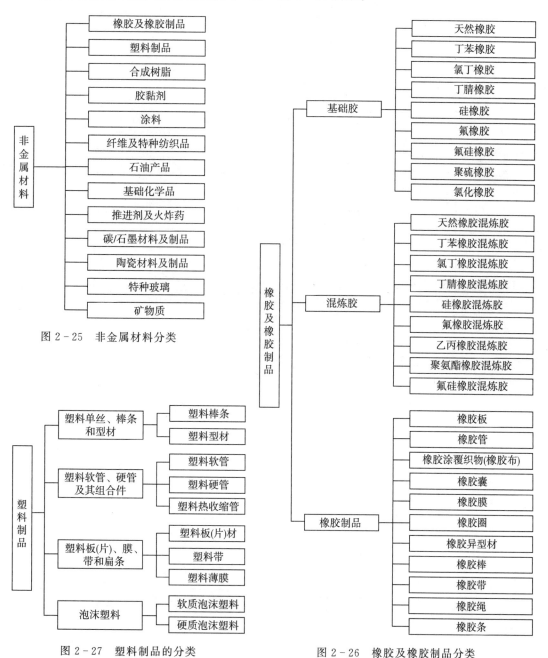

图 2-25　非金属材料分类

图 2-27　塑料制品的分类

图 2-26　橡胶及橡胶制品分类

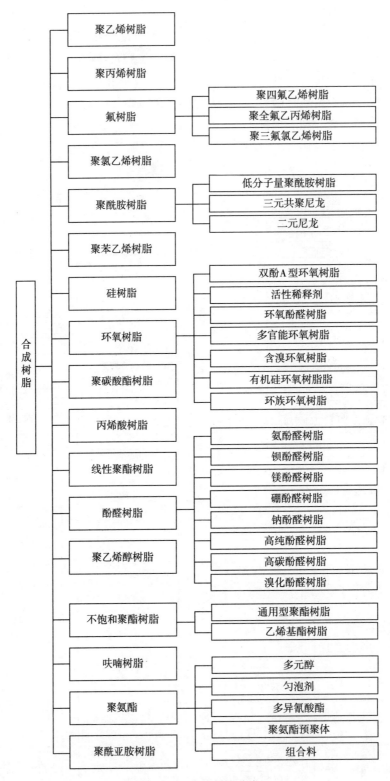

图 2-28　合成树脂分类

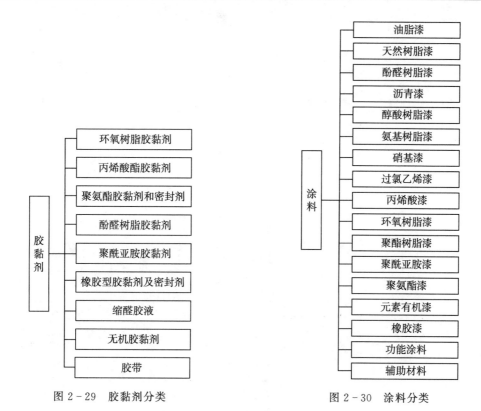

图 2-29　胶黏剂分类　　　　　　　　　　图 2-30　涂料分类

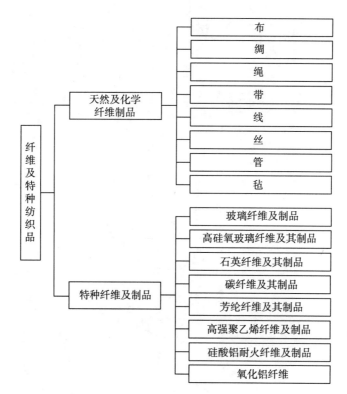

图 2-31　纤维及特种纺织品分类

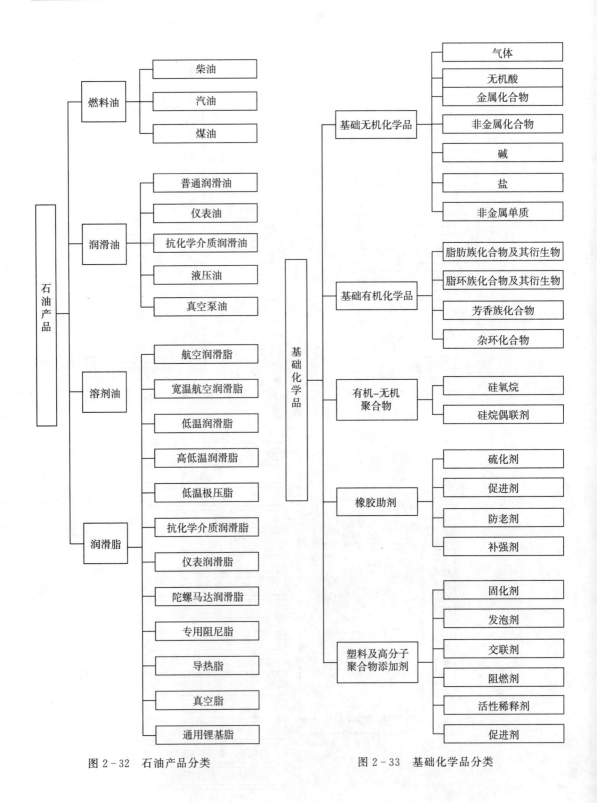

图 2-32 石油产品分类　　　　　图 2-33 基础化学品分类

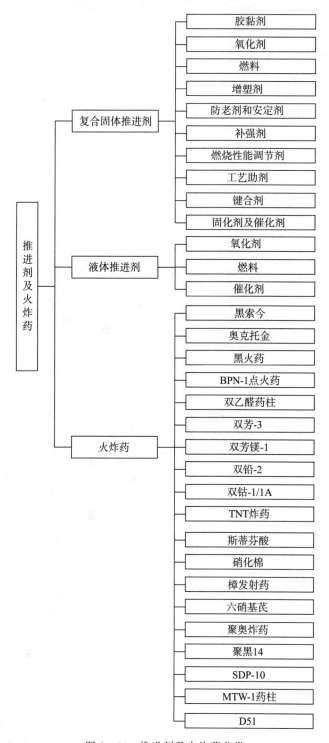

图 2 - 34　推进剂及火炸药分类

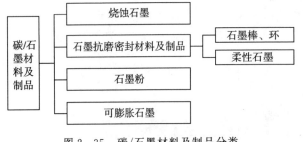

图 2-35　碳/石墨材料及制品分类

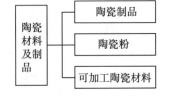

图 2-36　陶瓷材料及制品分类

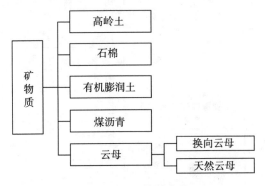

图 2-37　矿物质分类

（3）复合材料

航天用复合材料的分类，如图 2-38 所示，具体见附录 E：《航天型号配套物资分类与代码　第 5 部分：复合材料》（Q/QJA 40.5—2009）。Ⅰ 级分类包括聚合物基复合材料和碳/碳复合材料；Ⅰ 级下，按照功能、型态、成分等细分 Ⅱ 级、Ⅲ 级、Ⅳ 级类别。

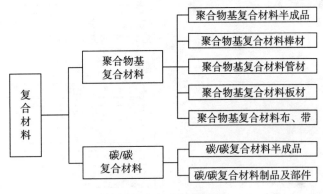

图 2-38　复合材料分类

2.1.3　航天标准紧固件

航天标准紧固件分类具体见附录 B：《航天型号配套物资分类与代码　第 2 部分：标准紧固件》（Q/QJA 40.2—2008）。按照四级进行分类：Ⅰ 级、Ⅱ 级、Ⅲ 级和 Ⅳ 级。Ⅰ 级按照结构类别进行分类，包括 10 个类目，如图 2-39 所示。Ⅱ 级按照结构要素进行分类；Ⅲ 级按照使用功能进行分类；Ⅳ 级按照材料类别进行分类，对于两种或者两种以上材料组成的复合零件，以承力零件的材料作为分类对象。各类标准紧固件的具体分类如图 2-40～图 2-49 所示。

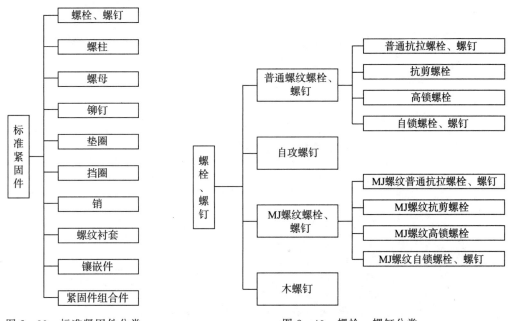

图 2-39　标准紧固件分类　　　　　　　图 2-40　螺栓、螺钉分类

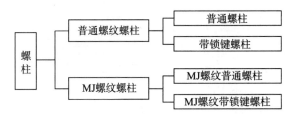

图 2-41　螺柱分类

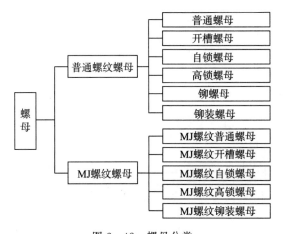

图 2-42　螺母分类

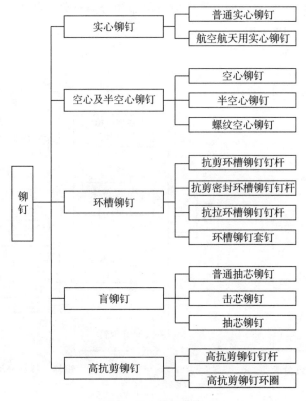

图 2-43 铆钉分类

图 2-44 垫圈分类

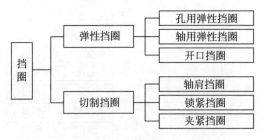

图 2-45 挡圈分类

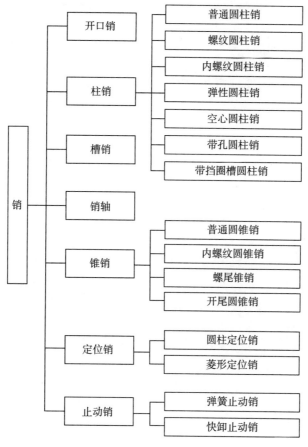

图 2-46　销的分类

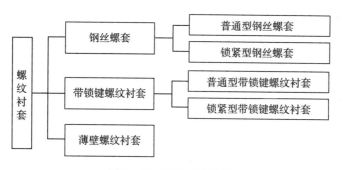

图 2-47　螺纹衬套分类

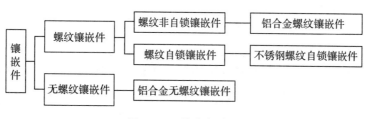

图 2-48　镶嵌件分类

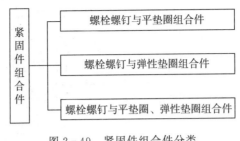

图 2-49　紧固件组合件分类

2.2　航天型号物资的特点

2.2.1　航天元器件

航天用元器件不同于一般军用或工业用元器件，是元器件领域中一个"特殊的群体"。航天型号任务的特殊使命、工作的空间环境，要求所用元器件必须体积小、质量轻、功耗低、可靠性等级与抗辐射能力高。

航天元器件的共性特点有以下五点。

（1）具有耐特殊环境能力

导弹、卫星等航天型号产品的贮存、工作环境一般比较特殊，因此所配套使用的元器件也应具有耐特殊环境能力。特殊环境包括空间的辐照环境、真空环境、高低温交变环境、温热环境、盐雾环境、高冲击环境、振动环境等，有的导弹武器系统还要求元器件具有抗人为辐射能力。

（2）品种多、数量少

航天型号产品的电气系统一般非常复杂，使用元器件的品种、类别多，但每一种元器件使用的数量都不多。

（3）体积小、质量轻、功耗低

航天型号产品的体积、质量和上天以后的能源都是非常有限和宝贵的。为了提升航天产品的性能必须降低航天元器件的体积、质量和功耗。

（4）高可靠

航天元器件一般要求长时间工作不可以更换，再加上航天型号产品受体积、质量等限制，一般难于采取普通冗余的措施，因此要求航天元器件必须具有高可靠性。即使对于导弹、火箭用元器件，虽然工作时间不长，但不可更换性和航天型号产品的特殊使命也要求其元器件的可靠性很高。

（5）应用前需严格验证，应用后服役周期长

元器件特别是进口的集成电路按摩尔定律，每隔两、三年就研制出更新换代的新产品，不少老产品就停止生产。但是新型元器件应用前需要进行较为严格复杂的应用验证，确认其能否满足航天型号的使用要求。一旦应用于航天型号，技术状态冻结后，一般不能变更元器件。因此元器件的服役周期长，这与其更新换代快形成了尖锐的矛盾。

航天元器件的上述特点，也是其制造和供应的难点，造成了高端、高档航天元器件较难获得。当前，航天元器件的可获得性已成为世界各国航天界共同关注的难题。

2.2.2　航天原材料

航天型号产品的结构复杂、工作条件和环境特殊，所用材料品种繁多、技术要求苛刻，不仅有别于通用工业材料，而且有别于其他军工材料。航天材料具有自己的特点，并已逐步形成了具有这些特色的航天材料体系，其特点可归纳为下列几点。

（1）高比强度、高比模量

航天型号产品一般都要求结构质量尽可能轻。例如近地轨道和地球同步轨道卫星每减少 1 磅结构质量，可节约成本 6 000～20 000 美元，成本节约量是其他产品的 10 倍甚至百倍。因此高比强度、高比模量是航天材料最重要的特点，也是航天材料追求的永恒主题。导弹和运载火箭特别强调材料的比强度和比刚度要求，而航天器按刚度原则进行设计，特别强调材料的比模量要求。高性能轻质金属材料和复合材料技术的快速发展，以及其在航天型号产品中日益广泛的应用正是体现了航天材料对这一特点的要求。

（2）耐超高温、耐超低温

防热材料是一种为保证导弹和航天器在特殊的热环境下能正常工作的专用功能材料，如用于弹道导弹的端头防热复合材料、固体火箭发动机喷管的喉衬防热材料、神舟飞船返回舱的低密度防热材料等，都是最具航天特色的材料种类之一。以弹道导弹为例，弹头以超高速进入大气层时形成的气动加热流场，具有高温、高压和高热流的特征，尤其是洲际战略导弹弹头进入大气层时的速度可高达声速的 20～25 倍，弹头驻点温度可达 8 000～10 000 ℃，驻点压力可达 10 MPa，驻点焓可达 30 MJ/kg。

液氢的沸点为 −253 ℃，因此要求用于液氢、液氧发动机推进剂贮箱的结构材料和密封材料具有良好的耐超低温性能。对金属材料来说，在超低温条件下一般会发生延伸率、断面收缩率和冲击韧性等下降的现象，因此金属材料最重要的是防止低温脆断，以避免可能的灾难性损坏；而非金属材料特别是高分子材料在超低温条件下也会变成脆性材料，只有一些特殊的材料（如全氟聚醚、聚四氟乙烯、聚酰亚胺和玻璃钢蜂窝夹层结构等）才能在此极端环境下工作。

（3）耐特种介质腐蚀

航天材料的耐特种介质腐蚀性能主要针对燃料、氧化剂等的腐蚀作用。推进剂所使用的氧化剂系统有硝酸、四氧化二氮等强氧化剂，对贮箱等金属材料和密封件等非金属材料都有很强的腐蚀作用。肼类燃料系统如混肼、偏二甲肼属于有机碱性溶剂，对金属材料也有腐蚀作用。在弹体结构选材时，介质的相容性是很重要的指标，特别是对强氧化剂系统，通常选用铝合金。用于密封结构的橡胶材料也必须具有相应的耐腐蚀性能，通常耐四氧化二氮腐蚀的材料可采用全氟醚橡胶，而耐偏二甲肼腐蚀的材料可采用乙丙橡胶材料。

（4）具有易燃、易爆特性

含能材料，即含能化合物，该类物质多具有爆炸性、爆燃性或其他经过特定激发条件会高速率高输出释放大量能量。包括各种导弹武器和空间飞行器等所用动力源均为特殊含能材料，包括固体推进剂、液体推进剂等，不仅推进剂本身为易燃、易爆危险品，而且其所使用的原材料大多亦为易燃、易爆危险品。随着航天器的发展，要求其动力源的能量越来越高，即要求含能材料具有更高的能量，然而含能材料的能量越高，其危险性越大。因此，在推进剂生产、运输、贮存、使用和销毁过程中都要加强防范，同时还应加强对含能材料安全性评估的研究，避免发生安全事故。

（5）具有毒性

作为含能材料的固体推进剂是由十余种材料组成的复合物，其中很多材料具有毒性，如固化剂、防老剂、安定剂、增塑剂、粘合剂等，它们可通过接触、吸入等途径对人的皮肤、呼吸道、神经系统、肾脏、肝脏等造成伤害。因此，除在这些材料的生产、处理、贮存和使用等过程中加强防护外，还应加强非毒性原材料的研究与应用。

（6）耐空间环境

空间环境有高真空、高温、低温、冷热循环、紫外线、带电粒子、微陨石、人造轨道碎片和原子氧。这些环境条件异常复杂，随时间、地点的变化而变化，能对多种材料产生有害的作用，因此对航天器材料提出了特殊的要求。

1）出气和质损。在高真空条件下，材料会发生出气和质损现象，这对于有机材料来说是一种严重的失效行为，通常都会引起材料性能的改变，如复合材料会在弹性模量、强度、膨胀系数等方面发生变化，硅橡胶的出气会导致材料硬化、脆化和龟裂，涂层材料会出现分层破裂等现象。国际标准要求材料在高真空、一定的温度和时间下总质量损失小于1%，收集到的可凝挥发物（CVCM）小于 0.1%。

2）耐电子、质子辐照。太阳电磁辐射中的紫外线，特别是近紫外线能使多种有机材料发生结构上的变化。在缺氧条件下，紫外线辐照能引起大多数塑料、橡胶和有机涂层的明显交联，在有氧条件下则能加速材料的分解和氧化。带电粒子辐照能够通过粒子与材料的相互作用，削弱原子间的键合力，改变分子活性，造成高分子材料的断裂、分解、变色、弹性模量和拉伸强度的下降，还会改变温控涂层的光学特性，导致航天器内部温度失控。

3）耐原子氧。原子氧有很强的氧化性，其氧化性远大于分子氧，仅次于氟。原子氧对低轨道航天器表面材料的危害比热真空、紫外线辐照、冷热交变等要严重得多。它可使材料氧化，导致放气加快、质损增加、强度下降、光学和电性能改变。金属材料及其氧化物在原子氧作用下相对稳定，而有机材料受原子氧的影响严重。

4）耐冷热交变。航天器在高空飞行时的温度范围可达到 -170~120℃。冷热交变要求材料的线膨胀系数小，结构变形小。如天线和天线支架，如果变形大，天线的指向精度就差，天线的增益降低。又如返回式卫星头部，由于受温度变化的影响，若防热壳体和承力壳体的材料膨胀系数不匹配，经温度交变时，防热壳体会产生裂纹，直至零件的破坏、报废。

（7）长期贮存，一次性使用

航天产品多为长期贮存，一次性使用的产品。虽然一般金属材料的耐疲劳性能有一定要求，但与航空航天材料相比相对较低；而对非金属材料而言，其耐老化性能要求较高，尤其是对于有长期贮存要求的导弹用材料。导弹经长期在仓库、地下井和坑道里保存后，应仍能满足战术技术指标要求。自然气候环境中的温度、湿度、盐雾、油污、尘埃、微生物、昆虫、辐照等多种因素，对高分子材料有分解、老化作用，其中温度、湿度和微生物的影响最为严重。材料对气候适应性的研究工作是保证产品质量和延长产品寿命的重要的应用性跨学科研究工作，是导弹型号研制过程不可缺少的一环。

2.2.3　航天标准紧固件

标准紧固件是航天型号上用量最大、使用面最广的一类物资。据不完全统计，一发运载火箭上共有紧固件约 20 多万件，其中螺纹紧固件有 6 万 3 千多件；一枚战略导弹使用的各种紧固件约有 3 万件；一颗卫星大约使用 5 万多件紧固件。在弹上仪器设备结构的零件中，有 80% 以上是紧固件；全航天系统每年对紧固件的需求量多达几千万件。

航天用标准紧固件的特点主要有：

1）螺纹采用 MJ 螺纹（米制）或 UNJ 螺纹（英制）；

2）螺栓、螺母采用强度分级和温度分级；

3）强度高、质量轻，强度等级一般在 900 MPa 以上，最高可达 1 800 MPa；

4）精度高，防松性能好，可靠性高；

5）适应环境复杂，包括狭小的装配空间、大气环境、水下环境和太空环境等。

由于航天产品工作环境的特殊性及高可靠性要求，对紧固件产品也提出了更高的性能要求。不仅要满足紧固件的功能要求，同时也要满足紧固件产品使用的高可靠性要求。因此，航天紧固件没有采用普通紧固件的性能等级制度，而是选用高性能材料制造航天紧固件。

2.3　物资对航天型号的意义和作用

元器件、原材料、标准紧固件等物资是航天型号科研生产任务的战略资源，直接影响着航天型号产品的性能指标、质量可靠性、进度和成本。物资对航天型号具有重大的意义和作用，可以说，广大供应商本身就是航天产品的研制生产单位。

2.3.1　构成航天产品的基石

航天产品实体主要由各类物资、零部件和单机组成；零部件和单机也是由各种物资组成。如元器件是型号电气系统的核心部件，电气系统几乎覆盖了航天型号的全部分系统，从箭、弹上的控制系统、引控系统、测量系统、外测安全系统，到地面的测发控系统、指挥控制系统、电源系统、车控系统、核安控系统、故障诊断系统等，都属于电气系统，其至主发动机、末修姿控动力系统、突防系统都包含电气设备组成部分。

在 20 世纪 70 年代，我国每个航天型号产品上使用的元器件数量为 1 万～2 万只；近年来，随着我国航天事业的迅猛发展，对元器件的需求量从年均数百万只增长到数千万只，数量增加十倍以上，单发运载火箭、导弹使用的元器件数量达 2 万～5 万只，单颗卫星用量达 5 万～15 万只。

每一个航天产品均是复杂的系统集成，但是其中每一个元器件、每一项原材料、每一个紧固件都至关重要，缺一不可。而全部物资及时配套到位是航天型号研制生产任务正常进行的前提，这就需要各种物资都可获得，并且质量、进度均满足型号需求。同时，型号物资的技术水平和质量直接决定了武器装备的性能和可靠性。此外，物资的供应能力，也一直关系到并制约着航天型号的批生产进度和能力。

2.3.2　支撑航天型号发展需求

对于航天型号产品而言，产品性能指标的提升很大程度上依靠新材料、新器件的支撑。新型物资是航天型号研制工作的重要基础，对实现航天型号的整体性能指标、推动整机和型号研制技术的发展，具有重要意义。我们平时常说的"一代材料、一代装备""一代器件、一代整机"就是指新型物资对航天型号的支撑作用。

随着以微电子为代表的电子技术，以及多功能一体化结构技术的高速发展，航天任务对元器件、原材料的功能、性能要求不断提高，使得其支撑型号的重要性愈发突出。

2.3.3　带动国家基础工业发展

航天新型物资的研制，对国家基础工业的发展具有促进和带动作用，主要体现在以下三个方面：

1) 技术进步。航天型号产品对新型物资的高性能技术指标要求，能够有效促进国家基础工业相关技术领域的升级进步。

2) 管理水平提高。新品实际上就是航天产品，要求研制单位必须满足航天产品科研生产的管理要求，因此可以推动新品研制单位管理水平的改进提升，特别是在质量管理方面。

3) 综合能力增强。新型物资的研制能够使项目研制单位受益，但并不直接体现在财务收益上，而是反映在研制单位整体能力的提升上。受航天型号任务严格的进度节点限制，新型物资的研制周期较短，因此需要研制单位具有较强的研发能力、柔性制造能力，高水平的项目管理能力，以及雄厚的基础支撑能力，如设备能力、创新能力等，从而促进研制单位的综合能力水平的提升。

2.4　航天型号对物资的要求

航天型号的研制生产工作都是多学科、多专业、多工种有机结合的综合技术体系和庞大复杂的系统工程。航天型号具有政治责任大、计划性强、技术复杂、投资巨大、研制周期长、协作面广等特点，并且航天型号品种数量多，单一型号批生产数量少。航天型号的这些特性对航天物资也提出了特殊要求。

（1）质量和可靠性要求

由于航天型号的特殊性，使得航天型号产品一旦发生质量事故势必造成巨大的损失和影响，因此，必须确保航天型号产品的质量和可靠性。型号配套使用的元器件、原材料等基础产品的质量是航天型号产品质量的重要源头，抓型号产品的质量和可靠性，必须抓好配套物资的质量和可靠性这个源头。在型号配套物资管理工作中，如何避免物资出现质量问题，特别是出现批次性质量问题，确保物资的质量受控始终是首要的目标。

（2）技术性能的要求

航天型号产品是高技术产品，但型号战术技术指标的实现在很大程度上取决于其使用物资的技术性能，没有性能先进的元器件、原材料做支撑，再好的设计蓝图也只能是空中楼阁。因此，要发展航天事业，研制出高水平的航天型号产品，离不开高性能、高水平的元器件和原材料支撑。

（3）供货周期的要求

航天型号的研制生产任务属于订单型项目，航天型号研制任务有非常严格的时间要求，航天型号的研制往往是倒排计划，物资配套工作处于型号研制过程的上游，而航天物资大多数为"非货架产品"，物资配套的供应进度往往是型号整个研制计划的关键短线，型号研制周期的紧迫性和强制性对物资供应的及时性提出了较高的要求。缩短了物资供应的时间，就可以加快型号的研制进度。因此，要确保整个型号研制计划的落实，必须确保配套物资的按时供应。

（4）长期稳定供应的要求

为确保航天型号的质量和可靠性，按航天型号技术状态的管理要求，型号定型后，一般不允许轻易改变所选定的型号配套物资品种、规格和供应商，一个航天型号定型后服役周期一般也比较长，因此，需要供应商具备长期稳定的供应能力。

（5）自主可控的要求

航天型号产品在一定程度上关系着国家安全，这一特殊定位决定航天型号所用物资必须能够自主可控，不能受制于人。

（6）严格的信息管理要求

航天型号配套物资信息是航天型号产品数据包的重要内容，是航天型号产品质量问题复查、质量问题追溯的重要依据，要求必须对型号物资的相关信息进行严格管理，对航天物资批次规格信息、技术指标信息、质量信息、装机使用信息进行全面的记录，并具有可追溯性。

（7）成本的要求

型号物资的成本是航天型号成本的重要组成部分，在保证型号物资质量和供应进度的前提下，有效地控制物资成本对提高集团公司的综合运作效益和加速我国航天科技工业的发展均是十分必要的。

（8）技术服务的要求

由于航天型号对质量管理的特殊要求，所以不能以所采购物资的验收合格作为完成任务标志，还必须做好相关的技术服务等工作，避免使用不当等原因造成出现型号质量问题。当型号出现涉及物资的质量问题时，更需物资供应商提供技术支持等服务。

第3章 航天型号物资管理

航天型号物资管理工作是航天系统工程管理的重要组成部分，其涉及航天型号配套物资的需求规划、选用、质量控制、计划、采购、仓储、配送、使用等全过程的管理活动。航天型号物资管理工作以确保航天型号任务的完成和飞行试验的成功为目标，建立健全"管理一体化、流程信息化、业务集约化、职能中心化、队伍专业化"的型号物资工作体系，加强对物资流、信息流、资金流的控制，做到"按目录选用、按渠道采购、按标准验收、按制度管理、按流程作业"，增强物资配套保证能力，实现对型号物资工作全过程的有效管理。本章仅就与供应商密切相关的航天型号物资管理工作进行简述。

3.1 责任制

在航天型号物资管理过程中强化型号物资管理工作责任制：各单位主管物资工作的领导对本单位型号物资工作负责，各型号总指挥对本型号物资工作负责；型号总体单位和产品总承单位负责抓总型号配套物资的总体策划，制定型号物资的质量控制要求，统筹安排型号物资订货和齐套工作，积极做好各承制单位之间、各型号之间物资短线问题的协调和调度工作，确保抓总型号配套物资的质量和进度，型号总体单位对每个型号设立物资经理，负责组织实施本型号物资的质量保证、计划编制、调度协调、信息综合等工作；分承制单位做好所承担型号任务配套物资工作，按照总体单位的计划和质量要求，确保本单位型号任务配套物资的质量和进度。

3.2 需求规划

在国际航天领域竞争日趋激烈的环境下，物资保证难度越来越大。一方面，型号产品中进口物资的应用不可控因素较多，给型号物资保证工作带来潜在隐患；另一方面，国产新型物资研制周期长，从试制成功到定型应用需要较长时间。因此要满足国家严格控制进口物资比例、实现关键物资自主可控的目标，同时完成周期不断紧缩的型号研制生产任务，必须从发展角度入手，站在国家战略的高度，综合考虑全航天甚至全军工领域的物资需求，并按照通用化、系列化的原则对新型物资进行统筹，制定物资需求规划，确定发展方向，有计划、有重点地推进核心物资的自主保障，提升基础工业生产能力及软硬件技术水平，只有这样，才能做到长远、持续的物资保证。以元器件为例，为做好航天元器件需求规划，集团公司组织开展了以下工作。

1) 统一制定航天关键元器件需求总体规划。各院设立专门的技术机构，建立专业的技术队伍，持续开展航天元器件的需求研究。集团公司组织各院根据未来航天型号应用需求和元器件专业技术发展，提出航天型号使用的关键元器件发展路线，统一制定航天关键元器件需求总体规划，优化航天元器件的选型，引导关键元器件国内研制。

2）加强航天元器件需求论证。型号总体院在组织航天型号立项论证时，贯彻落实《武器装备使用进口电子元器件管理办法实施细则》（装电〔2011〕263号）和《武器装备研制生产使用国产军用电子元器件暂行管理办法》（装法〔2011〕2号）的有关要求，立足国产、成熟、可获得的元器件开展设计，论证制定型号元器件保证的总体方案，确定型号使用进口元器件的规格、数量和经费的比例控制目标，并分解落实到各分系统、单机承制单位。各分系统、单机承制单位据此制定元器件保证工作的具体方案并组织实施，严格控制使用进口元器件，实现关键元器件百分之百自主可控。

3）统筹规划航天新型元器件需求。在航天型号立项论证阶段，型号总体院牵头组织相关配套单位开展型号所需新型元器件的需求论证工作，依据航天关键元器件需求总体规划，按照通用化、系列化的原则对新型元器件需求进行统筹规划，在保证整机性能、满足型号使用的前提下，尽量减少使用新型元器件；同时，开展新型元器件的应用可行性研究，研究制定应用计划，确保新型元器件上机应用。

4）统一航天元器件标准体系。集团公司组织各院在元器件国军标体系框架的基础上，研究制定航天元器件的基础标准、产品规范、保证标准等相关内容，形成统一、完整的航天元器件标准体系。航天元器件的选型、研制、生产、采购、应用验证、质量保证和装机使用等相关工作统一按航天元器件标准体系的相关标准执行。

3.3　认定评价

3.3.1　供应商认定评价

集团公司对航天型号物资供应商实行准入管理制度，组织对航天型号物资供应商进行认定并发布航天型号配套物资合格供应商名录。当航天型号物资合格供应商名录范围内的供应商及物资专业类别确实不能满足型号物资配套需要时，集团公司组织各院依据《航天型号物资供应商管理办法》，共同对拟新增供应商的资质能力进行认定评价，合格者纳入集团公司航天型号配套物资合格供应商名录，供各单位、各型号选择。

3.3.2　型号物资认定评价

航天型号首次选用的物资须由选用单位负责组织按物资产品规范和相关标准进行认定评价，合格后方可供航天型号选用。型号物资认定评价工作须在集团公司认可的元器件、材料、标准紧固件可靠性中心进行。

3.3.2.1　一般要求

认定评价是由航天用户单位根据型号对物资的质量要求，以使用的物资为基础，对供应商的质量保证等能力进行综合评定，对物资的质量进行认定检验。对于已经认定合格的物资，设计、工艺、结构等技术状态发生重大改变，出现严重批次性质量问题，或者连续

3 年以上未供货时，由航天用户单位视情况重新进行认定。

元器件认定评价前，需要供应商提供拟认定评价元器件的详细规范、结构分析报告、辐照试验报告（针对相应辐射效应敏感的元器件）、典型失效模式、设计极限、筛选报告、鉴定检验报告以及在其他军用型号领域应用情况（若有时）等。

材料认定评价前，需要供应商提供拟认定评价材料的技术标准、生产过程工艺文件、研制过程数据包、鉴定检验报告、与国内外现有材料比对情况报告以及在其他军用型号领域应用情况（若有时）等。

标准紧固件认定评价前，需要供应商提供拟认定评价标准紧固件的技术标准、研制报告、鉴定检验报告以及在其他军用型号领域应用情况（若有时）等。

3.3.2.2　特殊要求

（1）元器件结构分析

元器件结构分析是指元器件首次选用或发生重大技术更改时，通过一系列破坏性和非破坏性检验、分析和试验，获得元器件的设计、工艺和材料等满足评价要求和相关应用要求的信息，避免不适当结构的元器件用于航天型号。其目的是为查明元器件的以下情况：1）设计、结构、工艺；2）所用材料；3）固有可靠性；4）工艺质量；5）潜在危害。

供应商应根据元器件质量保证方案的要求，按元器件的型号规格或者物资系列进行结构分析委托。结构分析委托时，必须提供相关的结构分析物资样品及相关信息，必要时应按分析单位要求提供补充的分析样品或者无法拆解的元器件零部件的样品。在结构分析委托时应提交的各项信息具体内容如下。

①应用背景信息

包括：元器件基本情况描述，即结构分析元器件拟用于的工程型号、使用环境、使用条件等；元器件的后续应用过程中，对元器件的功能、参数要求及影响任务成败的失效模式等；元器件履历，即该型元器件或者同系列元器件是否有工程使用经历，是否有航天使用经历，应用结果等。

②结构分析样品信息

这是指样品状态，应包括元器件名称、型号规格、质量等级、批次和编号等信息，如果分析样品为生产过程产品，不属于最终状态，应在委托分析时注明。

③其他资料信息

如具备条件，供应商还应提供元器件详细规范、使用说明或手册、设计文件、装配图、工艺文件、原材料清单等。

（2）元器件过程确认文件

元器件过程确认文件（PID）为航天型号用元器件建立了一个精确基准，由元器件的结构设计、原材料、制造工艺和控制要求组成，完整规定制造过程中和制造完成后所应进行的全部检验和试验，确保每批次元器件的一致性，使与元器件生产有关的人员、设备、原材料、生产过程等所有过程具有可追溯性，保证由供应商提供的元器件等同于原来鉴定批准的元器件。同时，PID 还为检查和解决鉴定合格后出现的异常提供了一个基准。

PID 的内容包括：生产流程，过程监督评审的统计过程控制（SPC）规则实施，生产流程中每项试验的依据说明，试验程序和方法，关键原材料控制方法，供应商组织结构。

PID 的编写应由供应商负责完成，应该遵循文件控制体系能够有效、迅速维持的原则，保证任何必要的修订所引起的修改和更新的代价降为最低限度。PID 的编写要符合实际，应以供应商的标准文件格式编写，同时要满足质量管理体系中的文件控制要求。与元器件生产相关的人员、设备、原材料、生产过程的任何改变，均应对 PID 进行修订。

PID 发布时，应确保 PID 所引用的文件版本均为有效版本，供应商的质量保证代表应在文件上签字，确定内容的正确性，PID 的正式批准由鉴定机构授予，在批准时，鉴定机构应在 PID 上签字。

3.4　选用管理

航天型号物资选用管理是实现航天型号物资保证的源头。通过科学合理的选用，在航天型号产品设计时最大程度地关注下游配套、生产环节中可能产生的物资质量、进度与成本问题，有效地控制物资配套风险。

3.4.1　选用组织管理

针对航天型号来说，选用管理的组织由下列三个角色组成：

1）物资保证工程师：职责是对航天型号在物资选用方面提出基本要求，编制型号物资保证大纲，明确型号对物资选用的总体思想及要求、选用原则及依据，以及对新型物资提出论证，确立新型物资使用目标，并通过与设计人员进行沟通和交流，帮助设计人员提出选用意见，但最终的审定由型号物资选用控制委员会的主任（型号总师）和相关副总师、主任设计师来确定。

2）选用控制委员会：由型号的总师、相关副总师、主任设计师和设计师群体组成。其职责是对型号选用行为进行控制审查，避免物资选用由一个设计人员说了算的情况出现。

3）物资协调委员会：由型号总体院设立，以加强各型号之间物资选型的统筹协调。其职责是审定选用目录，制定选用原则，以及对多个型号通用的物资选用进行综合协调和选型优化，压缩物资品种，形成协调性意见。

3.4.2　选用控制依据

为加强航天型号物资选用管理，统一选用控制依据，集团公司组织各院根据航天型号物资鉴定评价、应用验证、采购供应、质量保证、实际使用情况及其专业发展趋势，研究制定《航天型号物资优选目录》，作为总体院制定《航天型号物资选用目录》的依据。各型号总体院根据型号任务需要，在航天型号物资合格供应商通过认定的产品类别范围内，按照标准化、通用化、系列化的原则优化选型、压缩品种，同时优先选用《航天型号物资优选目录》中的产品，制定《航天型号物资选用目录》，作为各型号物资选用控制的依据。

3.4.3　选用评审

在型号预研、演示验证、方案阶段、初样阶段和正样阶段，型号总体单位、系统单位和整机单位分层次组织型号物资的选用评审，评审结果作为型号各阶段设计评审的必要条件之一。型号物资选用评审内容至少应包括：型号所选物资的正确性、可获得性和经济性，是否按目录选用、目录外选用控制情况及进口物资数量、规格和经费比例控制情况等，确保型号物资选用评审的有效性。

3.4.4　目录外选用控制

当《航天型号物资选用目录》不能满足型号配套需求时，各单位应遵循"需求明确、论证充分、保证供货、从严审批"的要求对选用目录外物资的行为进行严格控制，按照"谁选用、谁负责"的原则，明确设计选用人员、物资选用单位、型号总体单位和型号物资选用控制委员会在目录外物资选用管理中的责任。各单位要从目录外物资选用提出初始，严格把控各类廉洁风险，应调研掌握物资选用相关人员与供应商之间的关联性等，全过程监督目录外物资的选用，防范和控制目录外物资选用的廉洁风险，集团公司每年对各单位型号物资选用控制工作情况进行监督检查。

3.5　采购供应

型号物资由院（厂、所）物资部门负责采购，非物资工作人员严禁采购型号物资。型号物资采购时，在各单位合格供应商名录中选择供应商，并在合格供应商范围内比质、比价、比进度、比服务，以确定实施采购的供应商，型号配套国产物资禁止从中间商进行采购。在型号物资采购过程中，应对采购价款、厂家选择、交货时间、质量技术要求、付款方式及可能存在的法律风险等事项进行评审，评审结论是签订采购合同的依据之一。对于具备招投标条件的物资必须按照招投标要求实施采购。大宗物资采购按照专门的大宗物资采购要求，由采购单位"三重一大"决策机构负责审议大宗型号物资采购过程中的重大事项。采供双方应严格履行合同约定，自觉承担合同义务，应对结算票据的真实性、合法性、合规性负责。加强物资采购供应中的廉政建设，规范、约束采供双方的行为，杜绝违法违纪问题的发生。

型号物资订货遵循"走规定渠道、赶年度计划"的原则，对型号通用物资，研究建立协同采购机制，统筹各型号物资的共性需求，委托在专业技术、人员及供应商关系方面具有优势的单位统一组织与供应商签订框架协议，各单位在框架协议下实施采购，以提高采购效率和效益。加强型号进口物资引进渠道的管理，对进口物资实施集中统一采购或统一组织采购，对面临禁运和停产的进口物资统一实施战略储备。

3.6　质量保证

　　航天型号物资质量保证工作须在集团公司认可的元器件、材料、标准紧固件可靠性中心及失效分析中心进行。集团公司统一组织对所属各单位的（元器件、材料、标准紧固件）可靠性中心、失效分析中心等物资质量保证机构的资质能力进行审核认定，确认其可从事的物资质量保证工作业务范围。集团公司及各院组织对物资质量保证人员开展专业知识和技能培训并考核，通过考核后持证上岗。

　　可靠性中心负责型号配套元器件、材料、标准紧固件的监制、验收、筛选、复验等工作，失效分析中心负责失效元器件和有质量问题的材料、标准紧固件的失效分析工作。目前，集团公司认定通过的航天型号元器件、材料和标准紧固件的可靠性中心有21家，失效分析中心有7家（详见表3-1～表3-4）。

表 3-1　元器件可靠性中心

序号	机构名称	挂靠单位
1	一院元器件可靠性中心	一院物流中心
2	五院元器件可靠性中心	五院宇航物资保障事业部
3	七院元器件检测站	七院7105厂
4	八院元器件可靠性中心	八院808所
5	九院元器件可靠性中心	九院物资部

表 3-2　材料可靠性中心

序号	机构名称	挂靠单位
1	航天材料工艺性能检测和失效分析中心	一院703所
2	一院材料可靠性中心	一院物流中心
3	四院7414厂	
4	四院43所	
5	五院材料可靠性中心	五院宇航物资保障事业部
6	六院7103厂	
7	七院7102厂	
8	八院理化分析中心	八院149厂
9	九院材料可靠性中心	九院200厂

　　注：四院7414厂认定业务范围为金属材料，四院43所认定业务范围为非金属材料及复合材料。

表 3-3　标准紧固件可靠性中心

序号	机构名称	挂靠单位
1	一院标准紧固件可靠性中心	一院物流中心
2	四院7414厂	
3	五院标准紧固件可靠性中心	五院宇航物资保障事业部

续表

序号	机构名称	挂靠单位
4	六院 7103 厂	
5	七院 7102 厂	
6	八院理化分析中心	八院 149 厂
7	航天标准紧固件研究与检测中心	航天标准化与产品保证研究院

表 3 - 4　失效分析中心

序号	机构名称	挂靠单位	专业范围
1	航天材料工艺性能检测和失效分析中心	一院 703 所	元器件、材料、标准紧固件
2	五院失效分析中心	五院宇航物资保障事业部	元器件、材料、标准紧固件
3	六院 7103 厂		材料、标准紧固件
4	中国航天科技集团公司元器件可靠性中心八院分中心	八院 808 所	元器件
5	八院理化分析中心	八院 149 厂	材料、标准紧固件
6	九院元器件失效分析中心	九院物资部	元器件
7	航天标准紧固件研究与检测中心	航天标准化与产品保证研究院	标准紧固件

3.6.1　元器件质量保证

元器件质量保证主要活动包括监制与验收、到货检验、复验筛选、失效分析等内容。

1）监制与验收。监制是航天用户单位代表到供应商处，根据合同采购的品种及技术条件，对制造中的重要元器件生产及其关键工艺过程进行的质量监督。验收是航天用户单位代表到供应商处，根据采购合同规定的品种及技术条件，对生产交付的元器件出厂前的验收过程进行的质量监督。监制与验收需出具监制与验收报告，监制验收期间，供应商应按照采购合同规定的生产进度安排，配合航天用户单位完成元器件的监制与验收工作，并协助处理监制与验收过程中发现的问题。

2）到货检验。采购的元器件到货后，由可靠性中心负责进行到货检验，并出具检验报告。到货检验的重点检验项目包括元器件的包装情况和采取的静电防护措施（如有防静电要求）、质量证明文件情况、破坏性物理试验（DPA）情况等。

3）复验筛选。为保证采购的元器件满足型号质量和可靠性要求，应按规定对检验合格的元器件或超过贮存期的库存元器件进行复验筛选，对不满足质量等级要求的元器件进行升级筛选，复验筛选的项目应根据物资的固有质量情况和航天型号的特殊要求确定，主要包括辐照试验、寿命试验、破坏性物理试验等项目，确认合格后由可靠性中心开具合格证。

4）失效分析。对质量保证过程以及型号研制、生产和使用过程中出现失效的元器件（如出现短路、开路、参数超差及其他失效现象的元器件）要送失效分析中心进行失效分析，失效分析完成后由失效分析中心出具失效分析报告。通过失效分析，找出失效机理和原因，确定失效元器件的性质，对于固有质量问题，由供应商开展质量问题归零工作。

3.6.2　原材料和标准紧固件质量保证

原材料和标准紧固件质量保证主要活动包括入厂复验、失效分析等内容。

1）入厂复验。依据产品标准对原材料和标准紧固件采取按批次以抽样的方式由可靠性中心进行入厂复验，原材料复验的项目包括材料力学性能检测、金相分析、化学成分分析、化学性能分析、热物理性能分析及材料的无损检测等内容。标准紧固件入厂复验内容包括外观尺寸、拉伸、剪切、硬度、振动、疲劳、锁紧等性能检验项目，确认合格后由可靠性中心开具合格证。

2）失效分析。对质量保证过程及型号研制、生产和使用过程中出现失效的原材料和标准紧固件，要送失效分析中心进行失效分析，失效分析完成后由失效分析中心出具失效分析报告。通过失效分析，找出失效机理和原因，确定失效原材料和标准紧固件的性质，对于固有质量问题，由供应商开展质量问题归零工作。

3.7　信息管理

各单位按照集团公司物资管理信息化建设要求，建设物资管理信息平台，实现物资采购供应及管理全过程各环节（包括选用、计划、采购、检验、仓储、配送、使用等）的信息管理，并实现信息共享。物资信息管理工作包括对物资采购供应及管理全过程各环节的信息进行的采集与处理、传递与存储、发布、分析与利用等工作。物资信息管理工作须通过信息平台实现，这也是保证物资采购供应、管理体系有效运转的必要条件，既可提高物资信息管理工作的效率，又可确保物资信息的准确规范、及时高效、安全共享，并可追溯。

（1）信息采集与处理

在明确物资采购供应及管理工作流程和各工作岗位责任的基础上，明确物资信息采集的要求，包括信息采集的环节、采集人、采集内容、采集时间等，并建立起物资信息采集的长效机制，实现信息采集的全面性、准确性、规范性、时效性。

当已采集的物资信息发生变化时，信息采集人及时对其进行更新并通知相关方，保证信息的时效性。

（2）信息传递与存储

对于物资信息的传递与存储，建立起型号物资信息传递渠道与存储策略，落实责任到人，确保信息传递的畅通、快速、准时、可靠，以及信息存储的安全、保密。航天型号物资信息的传递严格执行相关保密规定，专设载体，固定信息报送渠道。相关型号物资信息报送前须经本单位相关业务主管领导审核、批准。此外，合理确定型号物资信息的存储地点、存储方式和存储期限等也是物资信息管理的重要内容。

（3）信息发布

建立型号物资信息发布机制，视情况适时、适度发布型号物资相关信息，型号物资信息的发布做到准确、可靠、受控、安全。集团公司负责发布的信息主要包括：型号物资公共基础信息、型号采购供应综合信息、型号物资批次性质量问题信息及其他可在集团公司范围内共享的相关信息。

型号物资信息发布实行审批制度，须经本单位型号物资工作主管领导审核批准。未经批准，任何单位机构和个人不得私自留存、传递和对外发布型号物资相关信息。

（4）信息分析与利用

各单位可以从行政单位、产品和供应商等不同维度对型号物资的质量、进度和成本等情况进行分析。充分利用采购供应信息及其综合分析结果，为型号设计人员提供信息服务，为物资管理人员提供业务支撑，为型号管理人员和各级领导提供决策支持。

3.8　新型物资管理

新型物资主要是指采用新技术、新工艺、新配方研发制造的新型元器件、新型原材料等，一般是专门为某一种特定航天产品而开发的。新型物资的国家主管部门分别为：军委装备发展部（新型元器件）、国防科工局（新型原材料）及各军兵种（新型元器件、原材料）。航天新型物资由航天用户单位提出研制需求，由国家主管部门进行立项审查（包括必要性、可行性等审查），由有关项目承制单位进行研制，研制完成后，必须经航天用户单位应用验证后方可使用。横向新品物资管理也可以参照上述要求进行。

3.8.1　组织管理

新型物资管理的组织机构由集团公司物资管理部门、各院主管部门和项目需求单位共同组成。

集团公司物资管理部门的主要职责是：宣传贯彻执行国家有关部门对新型物资管理的规定和办法，制定集团公司有关新型物资管理的规章制度并组织实施，组织新型物资项目的论证立项、研制管理、验收、应用推广等工作，监督、检查项目执行情况，与国家主管部门、项目承制单位主管部门对口联系工作，协调需集团公司协调的跨部门、跨地区、跨集团、跨单位的新型物资问题。

各院主管部门的主要职责是：贯彻执行国家相关部门及集团公司有关新型物资管理的规定和办法等，型号总体院负责对抓总型号采用的新型物资进行需求综合论证，并负责向集团公司上报，各院负责组织所属单位提出研制项目，负责项目的审查并上报集团公司，组织航天用户单位与项目承制单位签订研制合同或项目技术协议书，监督检查项目的执行情况，组织项目的应用研究工作，审查产品技术条件/产品详细规范和用户使用报告，参与项目鉴定验收、应用推广等工作，协调本院内各所属单位协调不了的新型物资问题，并及时向集团公司通报协调情况或者提请集团公司帮助协调。

项目需求单位的主要职责是：提出新型物资项目需求，与项目承制单位进行技术交底，签订研制合同/协议书并履行有关条款，填报用户使用报告，参与制定新型物资技术条件或标准，参与项目研制相关环节，负责新型物资在相关型号上的应用及推广等工作。

3.8.2　科研项目管理

3.8.2.1　论证立项

新型物资研制是保证航天型号研制任务顺利进行的前提，当国内无现成产品或者产品不能满足航天型号任务配套所需时，应提出新型物资研制需求。型号总体院负责牵头组织，对负责抓总型号将采用的新型物资进行需求综合论证，编制型号新型物资需求综合论证报告。需求综合论证应按照通用化、系列化的原则，对整个型号新型物资需求进行统一规划，在保证整机性能的前提下，尽量压缩新型物资科研项目。

项目需求单位根据需求论证报告和型号研制需要，提出新型物资具体需求，按规定格式填报项目申报材料，经所在院主管部门审查鉴章后，按型号报送总体院；型号总体院组织型号两总、有关部门及专家进行评审后报集团公司。集团公司组织专家对申报项目进行必要性审查，重点评审新型物资应用背景是否明确，是否有向其他型号推广应用的前景，项目提出的性能参数、环境要求、可靠性指标等是否准确、合理、清楚，项目进度能否满足型号配套总体要求等，并负责向国家主管部门申报通过审查的项目。

航天型号用新型物资研制实行定点制度，项目承制单位应在集团公司合格供应商目录内选择，选择的集团公司合格供应商目录外的项目承制单位必须是国家有关部门或行业支持和认可的研制单位，并要按有关规定进行审批。

3.8.2.2　研制管理

项目立项后，航天用户单位应与项目承制单位按要求签订研制合同/协议书，并经所在院、型号总体院、集团公司主管部门审查、鉴证。签订合同前应向项目承制单位进行详细的技术交底，保证合同的准确性和完整性。

各单位应该认真履行合同，不得任意变更和撤消合同。确实因需求变化等原因，致使研究方向发生变化或者项目无法继续进行而需要变更、撤销合同时，航天用户单位应按管理渠道及时报集团公司，集团公司将上报国家主管部门批准、备案。

航天用户单位应主动跟踪、了解项目进展情况，协调有关问题，要与项目承制单位密切配合，提供必要的技术合作，及时开展样品测试（复验）及应用验证等工作，并将新产品测试和应用验证结果等及时反馈给项目承制单位。

新型物资研制项目实行定期检查及半年报告制度。研制过程中出现的重大情况及时上报。

3.8.2.3　鉴定定型

新型物资通过鉴定定型后方可参加航天型号飞行试验。

新型物资鉴定定型时，项目承制单位应提供研制总结报告，批准的企、军标详细规范，以及考核合格的试验报告。

在此阶段，还需进行新型物资的抽样考核。由项目承制单位与航天用户单位质量保证部门联系送样，确定抽样方法，进行考核，只有在通过航天用户单位质量保证部门按企、军标进行的考核后，才能完成产品鉴定定型。

此外，鉴定定型时，会同时考虑新型物资的可靠性、小批生产等问题，项目承制单位需进行定型批生产，以考核新型物资的设计、工艺是否合理可行。如果新型物资小批生产困难，难以满足型号配套需要，项目承制单位应积极采取措施解决。如果采取措施无效，应重新研制，以满足型号配套需要。

3.8.2.4　项目验收

科研项目均需通过国家主管部门组织的验收。

当科研项目完成合同/协议书等约定，达到了所要求的技术性能指标，拟进行验收时，航天用户单位须提交用户使用报告并经所在院审批后，报集团公司审批。未经集团公司批准，不得向项目承制单位提供用户使用报告。

航天用户单位应认真参与新型物资技术条件或者技术标准的制定，严格把关，确保新型物资验收后满足航天型号研制任务的使用要求。

3.8.3　应用验证

航天新型物资立项研制的最终目的在于成功装机应用，由于航天用户单位定制类新型物资是为型号专门研制的全新物资，因此在上述各阶段，需要航天用户单位和项目承制单位密切配合，在新型物资研制的不同环节进行应用验证，以应用验证的结果来指导后续研制工作的开展。

为了保证应用验证的实施，在新型物资研制项目立项时，项目承制单位与航天用户单位要积极争取国家主管部门的经费支持，促进新型物资在航天型号产品中的上机使用和推广。

3.8.3.1　内涵

应用验证是为确认航天型号首次使用的物资，特别是新型物资，能否满足型号环境适应性、系统匹配性等使用要求，按有关标准或文件，对其进行测试、检验、分析和评估的全过程。主要解决航天用户单位对新型物资的环境适应性、系统匹配性等不了解、不掌握、不放心的问题。

新型物资只有通过应用验证后才能用于航天型号。应用验证的成果用于指导型号设计选好、用好物资，同时也可以帮助项目承制单位对新型物资加以改进，快速提升新型物资的成熟度。

3.8.3.2　主要内容

对于新型元器件，一般包括元器件级验证、地面系统级验证和飞行验证（必要时）三种方式，其中，元器件级验证和地面系统级验证是必须进行的，对于功能简单、采用的材料、工艺、结构比较成熟的新型元器件可以不进行飞行验证。

对于新型原材料，应用验证一般包括材料评价、试样验证和产品验证三个阶段。

3.8.3.3　要求

新型元器件、原材料的应用验证由集团公司认定的第一研究院、第五研究院、第八研究院三个集团公司航天元器件应用验证中心及航天材料工艺性能检测和失效分析中心等九家材料可靠性中心负责实施，各项目承制单位应予以配合。应用验证依据《航天元器件应用验证综合评价要求》（Q/QJA 20024－2012）等相关要求进行，按照首用负责的原则，元器件应用验证中心和材料可靠性中心对某新型元器件或原材料的验证结论，在集团公司范围内共享，作为集团内所有单位对该新型元器件、原材料的选用依据。

新型物资的应用验证，均需一定数量的子样用于试验，以及确认产品性能的稳定性。作为应用验证的物资应是与正式供货技术状态一致的物资，当不一致时应能证明其不影响验证结论。

应用验证需要收集项目承制单位关于新型物资的相关信息，包括研制、鉴定定型等过程中的情况，了解掌握新型元器件、原材料的各项性能和已经做过的各类试验、验证工作。

应用验证过程中，在不影响知识产权和商业机密的前提下，项目承制单位可给予必要的技术支持。

对已完成应用验证的物资，当项目承制单位的生产能力、生产基线、生产过程等发生变化，可能影响到物资状态时，应通报航天用户单位。航天用户单位视影响程度决定是否需重新进行鉴定定型、应用验证工作。

第4章 航天型号物资供应商管理

本章从航天型号物资供应商管理的概念和意义入手，围绕航天型号物资供应商的准入管理、绩效评价、关系管理、档案管理等四方面内容，进行了全面详细的说明，并明确了航天型号物资供应商享有的权利和应尽的责任与义务。本章中的供应商均是指国产物资生产单位。

4.1 概述

集团公司对航天型号物资供应商实行集团公司、院、厂（所）各负其责的三级管理模式，通过实施供应商的准入管理、绩效评价、关系管理和档案管理等，形成集团公司特色的供应商管理理念和制度。

4.1.1 概念和意义

航天型号物资供应商管理工作按照供应链管理的思路，本着对航天型号产品负责、对供应商负责的精神，坚持实事求是、客观公正的原则，实现对供应商管理的制度化、规范化及科学化。

航天企业作为航天型号产品的研制生产单位，所需的各类物资都是供应商提供的。航天型号物资产品的性能、质量与可靠性、供货的周期及成本，很大程度上取决于供应商。在技术发展方面，航天技术的进步，依靠供应商技术的发展和其提供的性能先进的型号物资。在物资质量方面，物资产品的固有质量和可靠性，从根本上来说在供应商完成产品生产时已经决定，航天用户单位所做的复验、筛选、检测等质量保证工作，并不能改善其固有质量。此外，如果物资出现了质量问题，也需要供应商积极参与探讨切实可行的解决措施。在进度方面，对供应商来说，大多数航天型号物资为"非货架产品"，往往在接到订单后才组织生产，供应商的供货周期很大程度上决定了航天型号物资的配套周期，并在整个产品周期中占据很大比重。特别是对于一些关键物资，如果供应商无法及时供货，很可能会造成航天型号生产线的停工，其对航天型号科研生产工作造成的损失将是不可估量的。在物资价格方面，型号物资价格基本上是由供应商的成本决定的。

航天型号物资供应商管理就是通过建立严格的供应商准入选择机制、科学有效的供应商绩效评价激励机制，形成精干高效的供应商队伍；同时，坚持供应链联盟的思想，与重要供应商建立长期合作的伙伴关系，实现供需双方的共赢，从而使航天型号物资保证工作对供应商的各项要求得以落实。

因此，做好航天型号物资供应商管理工作，对确保航天型号任务的完成，促进和支撑航天科技工业的发展及提高航天企业效益至关重要。

4.1.2　组织机构与职责

集团公司供应商管理工作的归口管理部门是物资管理办公室，主要职责是制定并组织实施航天型号物资供应商管理的相关办法；组织对供应商的准入审查和动态管理，确定型号物资供应商的范围；组织对供应商进行绩效综合评价；对集团公司所属各单位供应商管理工作进行监督、指导。

各院供应商管理工作的归口部门是物资主管部门或质量保证部门，主要职责是贯彻执行集团公司供应商管理的有关规定，制定院供应商管理相关制度；根据型号任务配套需要，向集团公司推荐新供应商；在集团公司组织下，对供应商实施准入、动态管理等工作；选择本院的型号物资合格供应商，并负责对其进行评价。对所属单位供应商管理工作进行监督与指导。

各厂（所）供应商管理工作的归口部门是物资处或质量处，主要职责是贯彻执行集团公司与院级供应商管理的有关规定，制定本单位供应商管理相关制度；规范设计师物资选用行为，在集团与院合格供应商名录范围内进行选择，并根据型号任务配套需要，向院推荐新供应商；在集团公司与院级主管部门的组织下对供应商实施准入、动态管理等工作；选择本厂（所）的型号物资合格供应商，并负责对其进行评价。

集团公司设立供应商第二方认定工作组，成员由集团公司供应商主管部门、各院负责供应商管理工作的有关人员和相关专家组成。其主要职责是：编制与认定工作相关的文件、负责认定工作的实施、处理认定工作中的有关事宜、按合格供应商评价准则对供应商进行认定、编制《合格供应商名录》等。供应商第二方认定工作组办公室为其日常办事机构，设在航天标准化与产品保证研究院，负责供应商认定的日常工作。

4.1.3　基本素质和能力

航天型号物资保证工作的目标是使航天型号配套物资在质量、进度和成本方面得到全面的保证，根据航天型号的特点、航天型号物资的特点和航天工程对其物资的要求，要实现航天型号物资保证工作的目标，其供应商必须具备的基本素质和能力包括：

1）良好的军工意识。重视军工生产任务，具有为航天产品配套服务的荣誉感和责任心；

2）较强的创新、研发能力。具有研制高性能物资产品的能力，可以满足和推动航天技术的进步和发展需求；

3）质量控制和持续改进能力。能够按照航天工程的质量要求对物资的生产过程进行质量控制，并有持续改进、提升物资产品的固有质量和可靠性的能力；

4）供应链管理能力。能够按照供应链管理的思想，不断提升自身的核心竞争力，满足所配套航天型号物资的供应进度、成本控制及售后服务的需求；

5）信息提供能力。满足航天质量管理对航天型号物资信息的需求；

6）经营发展能力。不断提升企业的管理水平，规范运作、科学管理，能够长期为航天提供配套物资。

4.1.4　主要内容

　　航天型号物资供应商管理工作按照供应链管理的思路，发挥集团公司的整体优势，构建统一的型号物资供应商管理平台，统一标准、统一组织、共同管理、资源共享，并本着对航天型号产品负责、对供应商负责的精神，实现对供应商管理的制度化、规范化、科学化。供应商管理的主要内容包括以下 4 个方面：

　　1) 供应商的准入管理：严格供应商的准入和选择管理，在保证航天型号配套需要的前提下压缩供应商数目，逐步形成高效精干的供应商队伍，同时确保型号物资供应商选择受控。涉及制定合格供应商认定标准、对供应商进行第二方认定、培育开发新供应商等。

　　2) 供应商的绩效评价：建立供应商绩效评价机制，形成竞争与合作相结合、监督与服务相促进的良好局面。每年对上一年度合格供应商进行绩效评价考核，根据评价结果对供应商进行动态管理，对不合格供应商进行重新认定，帮助其进行改进，仍不合格者予以剔除；每两年评选一次优秀供应商并表彰。

　　3) 供应商的关系管理：建立与供应商利益共享、风险共担的供应链联盟，实现与供应商的协作共赢，确保型号物资的长期可靠供应。主动帮助供应商提高研发能力、质量保证能力和生产供应能力，确保型号配套物资的长期可靠供应。同时，通过加强集团公司与国家有关部门、供应商及其主管部门的沟通和交流，一方面使供应商能及时了解航天型号对配套物资的需求，清楚航天型号科研生产对型号配套物资的管理要求；另一方面帮助供应商反映其存在的困难和问题，使国家加大对航天重点供应商的支持投入，促使其增强为航天型号提供物资配套服务的能力。

　　4) 供应商的档案管理：建立供应商档案，收集供应商相关信息，制定供应商黑名单，全面记录供应商综合状况，以方便航天各级单位有关人员及时、全面了解供应商的资质、能力、产品等企业信息，实现高效沟通联系，准确选择供应商，为做好物资选用、采购及供应商管理提供良好依据。

4.2　准入管理

　　航天型号物资供应商的准入管理是通过对供应商进行第二方认定，确定航天型号物资供应商的范围，是对供应商队伍资质的管理。准入管理是供应商管理重要的基础工作，是供应商管理的重要内容，只有经过准入批准的供应商，才能为航天型号提供配套物资。对供应商的准入认定包括供应商的基本资质、综合能力和所提供物资类别直接相关的能力认定。

4.2.1　合格供应商名录

4.2.1.1　合格供应商名录的作用

　　航天型号物资合格供应商名录是供应商准入管理的结果，由集团公司统一发布。只有按照合格供应商标准并且经过一定的程序被认定为合格的供应商，才可以被纳入集团公司的合格供应商名录。集团公司发布的航天型号物资合格供应商名录，是航天型号设计选用、物资采购以及供应商管理的重要依据，也是集团公司争取国家有关部门对供应商给予支持的依据之一。集团公司所属各单位应在集团公司发布的合格供应商名录范围内，选择供应商，制定本单位的合格供应商名录。

4.2.1.2　合格供应商名录的内容

航天型号物资合格供应商名录按物资的专业类别认定、发布，共有元器件、金属材料、非金属材料、复合材料和标准紧固件 5 个专业的名录。供应商名录不仅仅是供应商名称列表，其内容主要包括 4 部分：供应商的名称、被认定的产品类别、供应商基本情况和供应商的联系方式。其中，被认定的物资种类是非常重要的，供应商被纳入合格供应商名录中，并不是指该供应商供应的所有产品类别都是航天型号产品可以使用的，供应商某一种类物资的供货能力、质量控制情况等认证通过后，才能将该供应商的此类物资列入被认定的物资种类，未经认定的物资种类不能列入名录。

2007—2008 年，集团公司组织各院对 1 300 多家型号物资供应商的资质能力进行了认定，经优选、精简、压缩后，认定其中 420 家为航天型号物资合格供应商，并制定发布了集团公司第一版航天型号配套元器件、金属材料、非金属材料、复合材料和标准紧固件 5 个专业的合格供应商名录。

2013—2014 年，集团公司根据首次制定合格供应商名录后多年来发生的实际变化，补充了新认定的供应商，针对合并、重组、停产、改制、生产线搬迁等不同类别的供应商提出了分类处理意见，完成了集团公司航天型号物资合格供应商名录的修订，形成并发布了《航天型号物资合格供应商名录（2014 版）》（以下简称《名录》），如图 4 - 1 所示，修订后，《名录》共涵盖元器件、金属材料、非金属材料、复合材料和标准紧固件 5 个专业的合格供应商 401 家。之后，集团公司对名录实施了动态管理，截至 2017 年底，《名录》共有 398 家供应商。

图 4 - 1　合格供应商名录

4.2.2　合格供应商标准

集团公司统一制定的《航天型号配套物资合格供应商评价准则》是航天型号物资合格供应商认定的基本标准。

供应商认定标准分为基本条件、质量保证能力、生产供货能力、技术服务能力、经营发展能力、企业文化 6 个方面。

（1）基本条件

合格供应商一般应具备的基本条件如下：

1）在中华人民共和国境内依法正式登记注册、具有法人地位；

2）遵纪守法、诚信经营，依据合同要求遵守集团公司的有关规定；

3）所提供的型号配套物资为其营业执照规定的主营范围内的产品；

4）通过质量管理体系认证，认证的产品范围应覆盖所提供的配套物资；

5）当有关规定要求具有相应的保密资格时，应通过相应级别的保密资格认证；

6）当《武器装备科研生产许可实施办法》规定取得科研生产许可证后方可从事该产品生产时，应有该产品的科研生产许可证；

7）经省部级的政府机构（或行业协会）推荐或认可。

对于航天型号用半导体器件设计类合格供应商，除应满足以上基本要求外，还应具备以下条件：

1）固定资产不低于 5 000 万元，半导体器件类产品近 3 年年产值不低于 3 000 万元或军工产品近 3 年年产值不低于 1 000 万元；

2）有 3 年以上军工产品配套经历，且产品质量可靠、供货稳定、价格合理。

（2）质量保证能力

质量保证能力是评价供应商应该首要关注的问题，主要包括以下几点：

1）供应商不仅要通过质量管理体系认证（ISO 9001、GB/T 19001、GJB 9001 或 GJB/Z 9001），还要依据相关质量标准的内容进行确认，重点是要求其质量管理体系文件中应包含相应标准的特殊要求。

2）不仅要能提供有效的质量管理体系认证证书，还要关注其质量管理体系是否正常运行。

3）应考核其质量检验系统是否满足下列要求：

a）建立并执行入厂复验、生产过程检验、出厂检验、鉴定检验及检验印章管理制度，相关技术资料、检验记录和必要的检测规范或作业指导书齐全；

b）检验仪器、设备经过计量检定，并在有效期内，检定合格证书或自校准记录齐全；

c）有明确的检验标识；

d）检验人员经过专业培训，具备上岗资格。

4）要求供应商在出现质量问题时，应按照相应标准及时进行归零，并将批次性的质量问题信息通报其他相关用户，采取相应措施，以免不合格品流入其他单位或其他型号。

（3）生产供货能力

生产供货能力方面主要包括生产线、产品要求、人力资源、生产管理、安全生产、生产过程控制、可追溯性、禁（限）用工艺、供货周期、产品价格、外协要求、原材料供货渠道及仓储要求等方面的内容。重点应关注对产品质量影响较大的要素，如产品标识与可追溯性、生产工艺的稳定问题、禁（限）用工艺采用问题等。

（4）技术服务能力

供应商应能够按照相关法规和合同要求提供全过程的技术支持与服务。

①质量保证期

提供的配套物资满足合同或相应产品标准规定的质量保证期要求。

②技术服务

能够按有关法规和合同要求及时提供全过程的技术服务，包括技术培训、技术咨询、提供配件、提供技术文件以及操作、使用、维护资料的更新。交付后出现问题时采取的纠正改进措施等，应能满足用户要求。

（5）经营发展能力

对供应商的财务状况、设计和开发能力、环保措施及信息化能力提出了要求。

①财务状况

具有与配套物资生产相适应的经济实力和财务状况，有健全的财务管理制度并有效执行，具有合理的资产负债率，不存在资金困难、濒临破产的状况。

②设计和开发

具有较强的设计和开发能力，拥有高水平的设计、开发人才队伍和激励创新的机制，具备能够满足设计、试验和检验需要的设备。

③环保措施

严格执行国家有关的环保法规和标准要求，相关的重要环境因素受到控制。

④信息化能力

及时向用户提供生产、质量信息。建立并健全其信息化系统，具备网上订货的能力。

（6）企业文化

要求供应商应具有良好的军工意识，重视军工生产任务，具有为航天产品配套服务的荣誉感和责任心；全面、系统地开展企业的质量文化建设工作，接受航天质量理念；具有较好的企业形象与员工素质等。

需要说明的是，上述 6 方面是航天型号物资合格供应商的必要条件，但不是充分条件。另外，随着技术的发展，在半导体领域出现了一批只从事设计开发而没有生产工艺线的企业，这类企业的流片加工采用外协的方式进行，对于这种半导体设计类供应商的生产供货能力方面，应重点审查其供应链管理能力和外协控制能力。

4.2.3　合格供应商认定程序

航天型号物资合格供应商的认定工作，是由集团公司统一组织所属各院依据合格供应商标准，按照一定的工作程序进行的。

集团公司开展航天型号物资供应商认定工作的流程如图 4 - 2 所示。

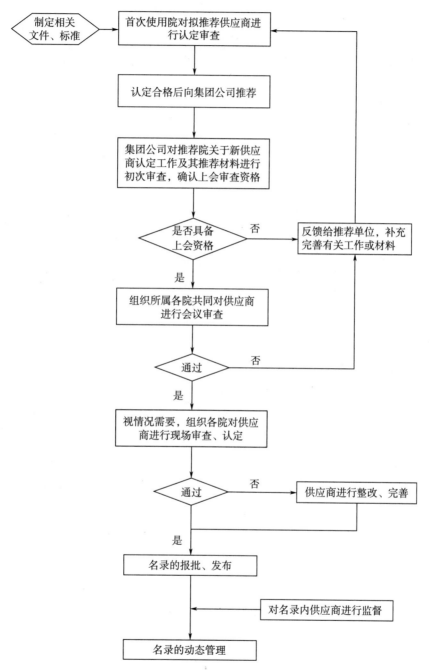

图 4 - 2　合格供应商认定工作流程

下面对合格供应商认定工作中的几个主要环节作简要说明。

（1）首次使用单位推荐

合格供应商认定采取第二方认定工作模式，首先由集团公司内首次使用该供应商拟认定产品的院根据其型号物资配套的实际情况，按集团统一认定要求对新供应商开展资质审查和产品认定工作，确认合格后向集团公司进行推荐，并报送认定报告及有关材料。

（2）集团公司初审

集团公司对各院推荐供应商的资料进行初审，重点审查推荐新供应商的必要性论证、推荐资料的完整性及认定工作的合规性等。

（3）集团公司会议审核和现场审核认定

对通过初审的供应商，集团公司组织各院共同参与进行会议审核认定，听取推荐院的认定工作情况汇报，全面审核供应商的资质、能力、产品鉴定和使用情况等。会议审核直接通过的，将在认定工作会后报集团公司主管领导批准、发布；对于经会议审核不能判定是否合格的供应商，视情况还应通过现场审核做进一步审核、认定。

（4）批准发布

认定结束后，根据现场审核和会议审核的结论完成供应商认定评价报告，认定合格的供应商报集团公司主管领导批准后，列入集团公司合格供应商名录并予以发布。

集团公司所属各单位可在集团公司发布的名录范围内，进一步优选压缩供应商，制定本单位的合格供应商名录。

4.2.4　新供应商的准入

4.2.4.1　新供应商的定义

新供应商是指当集团公司合格供应商名录范围内的供应商及其物资专业类别确实不能满足型号物资配套需要时，拟开辟的新的供应商或虽然在合格供应商名录内但拟使用其没有经过认定的物资专业类别的供应商。依据供应商的名称是否在合格供应商名录范围内，新供应商有两种情形，一种是全新的供应商，这类供应商没有给航天型号提供过任何种类的物资；另一种是新物资类别供应商，这类供应商有些类别的物资已经被认定，属于合格供应商，但航天用户单位又准备使用该供应商其他未经过认定的类别的物资，对该供应商的这一类物资来讲，航天用户单位没有使用的经历，因此也称为新供应商。

4.2.4.2　新供应商的开发认定

当航天型号物资合格供应商名录范围内的供应商及物资专业类别确实不能满足型号物资配套需要时，可开发名录外的新供应商或名录内合格供应商新的物资专业类别（统称开发新供应商）。开发新供应商实行"首用负责制"，即：首先选择新供应商的院在进行充分论证确认集团公司合格供应商名录范围内的供应商不能满足物资配套需要后，负责按集团公司制定的合格供应商评价准则对新供应商进行考核认定（新类别供应商可以对评价准则中的基本资质和综合能力部分简略）、对其产品进行鉴定（认定），确认合格后向集团公司推荐。集团公司组织各院按照航天型号配套物资供应商管理规定对所推荐的新供应商进行认定；经认定合格者纳入集团公司的合格供应商名录并及时公布，集团公司所属各单位均可将其作为合格供应商进行选择；不合格者，包括推荐单位在内的集团公司所属各单位均不得选择使用。

开发新供应商的具体要求如下：

1）相关院对开发新供应商的必要性进行充分论证，填写《开发新供应商必要性论证表》（见表 4 - 1）报集团公司。

2）相关院按照评价准则对拟开发的新供应商进行考核认定。若选择集团公司名录内供应商的未经过认定的物资专业类别，可只对评价准则中与产品相关的"生产供货能力"、"技术服务能力"进行考核认定。

3）相关院对拟选用的产品进行鉴定（认定）。

4）对新供应商考核认定及产品鉴定（认定）合格后，相关院向集团公司提交推荐报告，并提供以下资料：

a）《航天型号物资新供应商推荐表》（见表 4 - 2）；

b）《航天型号物资供应商产品鉴定（认定）表》（见表 4 - 3）；

c）《航天型号物资供应商现场审核表》（见表 4 - 4）或《航天型号半导体器件设计类供应商现场审核表》（见表 4 - 5）；

d）供应商企业简介，企业法人营业执照副本、税务登记副本、近三年资产负债表、质量体系认证证书、保密资格认证证书、武器装备生产许可证等复印件，以及《航天型号物资供应商调查表》（见表 4 - 6），《航天型号物资供应商认定综合资料报表》（见表 4 - 7）。

5）集团公司组织对各院推荐供应商的资料进行审查，审查工作应在自接到推荐资料后的 10 个工作日内完成。审查通过的，组织开展对新供应商的准入认定工作；审查不通过者不予受理。

6）集团公司组织各院负责供应商管理的人员和相关专家按照航天型号物资合格供应商认定程序和有关要求，对所推荐的供应商进行考核认定。对于连续三年为航天型号提供配套产品且质量可靠、供货稳定、价格合理，或由省部级以上的政府机构（或行业协会）推荐的供应商，可采用会议审核的形式进行认定。经会议审核不能判定是否合格的供应商，还应通过现场审核的形式进一步认定。对于需要进行现场审核的供应商，集团公司将成立现场审核组，按《航天型号物资供应商现场审核表》要求进行现场审核。现场审核总得分在 85 分以上的供应商方可认定为合格供应商。对于存在不符合有关规定的供应商，现场审核组将提出整改意见，在供应商完成整改后由现场审核组进行复查。

7）认定结束后，根据现场审核和（或）会议审核的结论完成供应商认定评价报告，认定合格的供应商报集团公司主管领导批准后列入集团公司合格供应商名录并予以发布，集团公司所属各单位均可将其作为合格供应商；认定不合格者，包括推荐此供应商的院在内的所有单位均不得将其作为合格供应商。

表 4 - 1　开发新供应商必要性论证表

拟开发供应商的名称	
拟使用的产品类别	（按照集团公司航天型号物资分类与代码标准中的分类填写）
开发供应商的必要性	（重点阐述集团公司合格供应商名录内的供应商及其产品不能满足型号配套要求的原因）
产品的规格型号	
产品主要技术指标	
配套的工程型号	
使用单位	
近期拟使用数量	
	（院供应商主管部门签章） 年　　月　　日

联系人：　　　　　　　　　　　　　　　　　　电话：

表 4 - 2　航天型号物资新供应商推荐表

供应商概况				
全　　称			所属部门	
其他名称			企业性质	
联系人		联系电话	传　真	
电子邮箱			手机号码	
通信地址			邮政编码	
推荐供应商的产品类别	□元器件　　□金属材料　　□非金属材料　　□复合材料　　□标准紧固件			

配套物资简介			
供货质量	□质量一致性好　　　　□一般		
履约情况	□履约率高,准时供货　　□一般		
供货价格	□价格合理,波动较小　　□一般,有浮动:上涨＿＿＿％;下降＿＿＿％		
使用情况	□满足要求　　　　　　□一般		
配套产品品种系列	首次供货时间	配套的航天型号	订货单位
（可按本表格的形式续表）			

注:请在所选择项目前的□内划√。

（院供应商主管部门签章）
年　　月　　日

联系人:　　　　　　　　　　　　　　　　电话:

表 4 - 3　航天型号物资供应商产品鉴定（认定）表

供应商名称			
产品名称		产品种类	（按集团公司物资分类标准填写）
产品鉴定(认定)评价情况			
确认的产品标准	（附文本）		
产品鉴定(认定)评价依据	（标准和附加考核条件）		
产品鉴定(认定)试验数据	（附文本和数据）		
产品鉴定(认定)结论	（院供应商主管部门签章） 年　　月　　日		

联系人：　　　　　　　　　　　　电话：

表 4-4 航天型号物资供应商现场审核表

供应商名称：

项目		要求	检查方式	评分细则	得分	发现的问题	检查人签字	备注
1 质量保证能力（32分）	1.1 质量管理体系认证（7分）	认证证书应有效	检查认证依据的标准、产品范围、发证日期、认证机构等	如不符合，取消认定资格	—			
		配套物资应在认证书的覆盖范围内	比对配套物资与证书限定的范围	如不符合，取消认定资格	—			
		配备了相适应的质量机构和专业人员，并有计划地实施质量培训	查组织机构，并与质量人员谈话；查培训计划、记录	人员落实 1～2 分，否则 0 分；有计划和记录 1 分，无 0 分				
		质量体系文件应包含 QJ9000A 的特殊要求	比对质量体系文件与 QJ9000A	根据文件中所补充内容的多少评分，0～4 分				
	1.2 质量管理体系运行（11分）	通过认证的质量管理体系至少有效运行一年以上	查复审报告	符合 1 分，不符合 0 分				
		按质量管理体系文件要求进行内部质量审核和管理评审，相关记录和资料齐全，对审核和评审提出的问题及时采取纠正和预防措施	查内审记录、管理评审记录，查有无纠正和预防措施及落实情况记录	有相关记录、纠正措施得到落实 1～3 分，否则 0 分				
		制定了产品标识和批次管理制度，并有效执行	查程序文件	程序文件中有 1 分，无 0 分				
			查程序文件执行情况	执行情况好 1～2 分，差扣 1～4 分				
		建有合格供方目录，能够在目录范围内采购，并有效实施	查合格供方目录及管理办法	文件齐全 1 分，否则 0 分				
			查采购记录	采购符合规定 1～2 分，否则 0 分				
		采购合同中对产品的标准和质量应有明确的要求	查采购合同	采购合同符合要求 1 分，否则 0 分				

续表

项目	要求	检查方式	评分细则	得分	发现的问题	检查人签字	备注
1 质量保证能力 (32分)	1.3 质量检验 (8分) 建立并执行入厂复验、生产过程检验、出厂检验和鉴定检验及检验印章管理制度，相关技术资料、检验记录和必要的检测规范或作业指导书齐全	查相关的程序文件	制度健全1～2分，不健全1～5分				
	检验仪器、设备应经过计量检定，并在有效期内，检定合格证书或自校准记录齐全	查相关资料、记录 查检定合格证书 查自校准记录	资料记录齐全1分，否则0分 检定合格证书或自校准有效2分，否则扣1～3分				
	有明确的检验标识	查检验现场	标识完整1～2分，否则扣1～2分				
	检验人员经过专业培训，具备上岗资格	查培训记录、上岗资格证明	有记录、证明1分，无0分				
	1.4 质量问题归零 (6分) 配套物资在交付后出现质量问题时，能及时根据质量问题归零 Q/QJA10 进行质量问题归零	查相关的程序文件 通过用户了解归零情况	有规定1分，无0分 归零情况好1～3分，否则扣1～3分				
	将批次性的质量问题信息通报其他相关用户，并采取相应措施	查通报记录	记录完整或未发现质量问题2分，出现问题未通报、无措施扣1～2分				
2 生产供货能力 (40分)	2.1 生产线 (4分) 具备能够满足所需承担配套物资批生产要求的生产线	查现场生产设备和检验设备	生产线满足要求3分，不满足则取消认定资格				
	当要求时，则应通过相应的生产线鉴定	查鉴定证书	符合1分，否则取消认定资格				
	2.2 产品要求 (4分) 所供配套物资按照采购合同和订货方认可的相应产品标准进行生产	通过用户查所供配套物资符合合同或标准情况	符合4分，基本符合2分，否则根据不符合的比例进行1～5分				

续表

项目	要求	检查方式	评分细则	得分	发现的问题	检查人签字	备注
2 生产供货能力 (40分)	2.3 人力资源 (4分) 具备具有相应工作能力的技术人员队伍,根据需要开展相应的专业培训,工作人员有上岗证	查在职和聘用人员花名册	人员满足要求 1 分,不满足 0 分				
		查培训记录、上岗证明	有培训和上岗证 1 分,无 0 分				
	各类技术人员的比例适当	查在职和聘用人员花名册(包含有相应的技术职称)	按中高级职称的比例:20% 以上人员占员工总数的比例;10%~20% 1 分,10% 以下 0 分				
	2.4 生产管理 (3分) 建立了与配套物资生产相适应的生产管理制度,按控制要求组织生产	查相关的程序文件	制度完善 1~3 分,不完善 0 分				
	2.5 安全生产 (2分) 具有确保生产安全的设施和规章制度	查安全设施	符合 1 分,不符合 0 分				
		查安全制度	制度完善 1 分,否则 0 分				
	2.6 生产过程控制 (4分) 建立了生产过程控制制度,相关的工艺应定型	查相关的程序文件	制度健全 1 分,不健全 0 分				
	对于影响产品质量和技术状态的工艺更改有明确告知订货方	查相关的记录	符合 1 分,不符合 0 分				
	对特殊工序有明确的评价准则,严格的监控措施和完整的记录	查监控记录(包括设备自动记录和人工记录)	记录完整 1~2 分,无记录和记录完整 1~2 分				
	2.7 可追溯性 (4分) 具有从原材料入厂到成品出厂全过程的唯一性标识和完整记录,确保产品的可追溯性	查相关的程序文件	有 1 分,无 0 分				
		抽取任一产品,从产品出厂追溯到原材料入厂,查全过程的技术文件或记录	产品可追溯 1~3 分,过程中出现混乱扣 3~4 分				

续表

项目	要求	检查方式	评分细则	得分	发现的问题	检查人签字	备注
2 生产供货能力（40分）	2.8 禁（限）用工艺（2分） 生产工艺不能（或限制）采用航天科技（20131795号文件规定的禁（限）用工艺	查生产工艺文件或作业指导书	无禁（限）用工艺2分，如有则根据采用禁（限）用工艺多少扣1~5分				
	2.9 供货周期（5分） 能够按合同要求如期供货，并有较高的合同履约率	查通过用户近两年的采购记录	履约率达95%以上5分，低于70%每减少5%减去1分，低于55%取消认定资格				
	2.10 产品价格（3分） 与其他供应商的相同产品相比，具有价格比优势	查订货合同，与其他供应商的相同产品进行比较	与同类产品的其他供应商相比，产品价格低廉1~3分，相同0分				
	2.11 外协要求（2分） 对承担外协工序的生产厂商的生产能力应进行认定，对外协产品应有相应质量控制要求	查协议书，合同及相关记录	满足1~2分，不满足0分				
	2.12 原材料供货渠道（1分） 具有稳定可靠的原材料供货渠道	查原材料采购合同	供货渠道稳定可靠1分，不符合0分				
	2.13 仓储要求（2分） 仓库满足相应物资的存储要求，区域划分明确，物资标识清楚，做到物资堆放合理，环境管理妥当，并有相应的控制记录	查仓库现场及相关记录	符合1~2分，不符合0分				
3 技术服务能力（5分）	3.1 质保期（1分） 提供的配套物资满足合同或相应产品标准规定的质量保证期要求	通过用户了解质保情况	满足1分，不满足0分				
	3.2 技术服务（4分） 能够按有关法规和合同要求及时提供全过程的技术服务，包括技术培训，技术咨询，提供配件，提供技术文件以及操作，使用，维护资料的更新，交付后出现问题时采取的纠正改进措施等，应能满足用户要求	通过用户了解售后服务情况，查相关技术服务记录	售后服务好1~4分，差0分				

续表

项目	要求	检查方式	评分细则	得分	发现的问题	检查人签字	备注
4 经营发展能力 (15分)	4.1 财务 (7分)	具有与配套物资生产相适应的经济实力，不存在资金困难、濒临破产的状况	查经济状况评估报告和近一年的资金流动情况记录	经济实力强4分，较强2分，濒临破产则取消认定资格			
		建立了健全的财务管理制度并有效执行	查相关的程序文件	制度健全1分，否则0分			
			查财务记录	有记录1分，无0分			
		具有合理的资产负债率	查近一年的资产负债表	资产负债率合理1分，否则0分			
	4.2 设计和开发 (4分)	具有较强的研发能力和激励创新的机制	查有关奖励创新的政策文件	有政策2分，无0分			
		拥有高水平的设计，开发人才队伍	查人才档案	有人才队伍1分，无0分			
		具备能够满足设计、试验和检验需要的设备	查设备	设备满足要求1分，否则0分			
	4.3 环境保护 (2分)	严格执行国家相关的环保法规和标准要求，相关的重要环境因素受到控制	查相关文件、历史记录；查现场、记录	符合1~2分，不符合0分			
	4.4 信息化建设 (2分)	及时向用户提供生产、质量信息，建立并具其信息化系统，具备网上订货的能力	通过用户了解信息的通报情况	信息通报及时1分，否则0分			
			查信息化建设情况	信息化建设情况良好1分，否则0分			
5 企业文化 (8分)	5.1 军工意识 (3分)	具有良好的军工意识，重视军工生产任务，具有为航天产品配套服务的荣誉感和责任心	与管理者交谈，查为军工系统服务情况	符合1~3分，否则0分			
	5.2 质量文化 (3分)	全面、系统地开展了企业的质量文化建设工作，接受航天质量理念	查相关的体系文件	有质量文化体系2分，否则0分			
				接受航天质量理念1分，否则0分			

续表

项目		要求	检查方式	评分细则	得分	发现的问题	检查人签字	备注
5 企业文化（8分）	5.3 企业形象与员工素质（2分）	企业形象良好，厂区规划井然有序	查厂区概况	企业形象良好 1 分，否则 0 分				
		员工整体素质较高，具有积极的精神风貌和敬业态度	与员工交流	员工素质符合要求 1 分，否则 0 分				
			总分					

表 4－5　航天型号半导体器件设计类供应商现场审核表

供应单位名称：

项目	要求	检查方式	评分细则	得分	发现的问题	检查人签字	备注
1 基本条件	1.1 在中华人民共和国境内依法正式登记注册	查经年检的企业法人营业执照					
	1.2 固定资产不低于 5 000 万元，半导体器件类产品近三年年产值不低于 3 000 万元或军工产品近三年年产值不低于 1 000 万元	查单位的固定资产账目和近三年资金流动情况记录					
	1.3 有三年以上军工产品配套经历	查主要军工用户名和近三年工产品的供货情况					
	1.4 遵纪守法，诚信经营，依据合同要求遵守中国航天科技集团公司的有关规定	查单位产品合同履约率，应大于 95%	如不符合，取消认定资格	—			
	1.5 所提供的型号用半导体器件为其营业执照规定的主营范围内的产品	查经年检的企业法人营业执照					
	1.6 通过军工质量管理体系认证，认证的产品范围应覆盖所提供的半导体器件	查单位质量体系认证证书					
	1.7 应取得相应级别的保密资格认证	查单位保密资格认证证书					
	1.8 取得国家军需装备科研生产许可证	查国家装备科研生产许可证					
	1.9 应通过总装备部武器装备承制资格审查	查武器装备承制资格证					
2 质量保证能力（32 分）	2.1 质量管理体系认证（7 分）　认证证书应有效	查认证依据的标准，产品范围，发证日期，认证机构等	如不符合，取消认定资格	—			
	产品应在认证证书的覆盖范围内	比对产品认证证书限定的范围	如不符合，取消认定资格				
	配备了相适应的质量机构和专业人员，并有计划地实施质量培训	查组织机构，并与质量人员谈话　查培训计划、记录	人员落实 1~2 分，否则 0 分　有计划和记录 1 分，无 0 分				
	质量体系文件应包含 QJ 9000A—2003 的特殊要求	比对质量体系文件与 QJ9000A—2003	根据文件中所补充内容的多少评分，0~4 分				

续表

项目		要求	检查方式	评分细则	得分	发现的问题	检查人签字	备注
2 质量保证能力(32分)	2.2 质量管理体系运行(10分)	通过认证的质量管理体系至少有效运行三年以上	查复审报告	符合1分,不符合0分				
		按质量管理体系文件要求进行内部质量审核和管理评审,相关记录和资料齐全,对审核和评审提出的问题及时采取纠正和预防措施	查内审记录、管理评审记录,查有无纠正和预防措施及落实情况记录	有相关记录,纠正措施得到落实1~2分,否则0分				
		制定了产品标识和批次管理制度,并有效执行	查程序文件	程序文件中有1分,无0分				
			查程序文件执行情况	执行情况好1~2分,差扣1~4分				
		建有合格供方目录,能够在目录范围内采购,并有效实施	查合格供方目录及管理办法	文件齐全1分,否则0分				
			查采购记录	采购符合规定1分,否则0分				
		采购合同中对产品的标准和质量应有明确的要求	查采购合同	采购合同符合要求1分,否则0分				
	2.3 质量检验(9分)	对每个产品的技术文件进行了归档,独立建卷且保存周期与产品的寿命周期相适应	查产品的技术文件档案	每个产品有独立的技术档案且保存周期与产品的寿命周期一致1分,否则0分				
		建立并执行入厂复验、生产过程检验、出厂检验、鉴定检验及检验记录管理制度,相关技术资料、检验记录和必要的检测规范或作业指导书齐全	查相关的程序文件	制度健全1~2分,不健全扣1~5分				
			查相关资料、记录	资料记录齐全1分,否则0分				
		检验仪器、设备应经过计量检定在有效期内,检定合格证书或自校准记录齐全	查检定合格证书查自校准记录	检定证书或自校准有效2分,否则扣1~3分				

续表

项目		要求	检查方式	评分细则	得分	发现的问题	检查人签字	备注
2 质量保证能力（32 分）	2.3 质量检验（9 分）	有明确的检验标识	查检验现场	标识完整 1～2 分，否则扣 1～2 分				
		检验人员经过专业培训，具备上岗资格	查培训记录、上岗资格证明	有记录，证明 1 分，无 0 分				
		建立授权人员审批制度	查相关的程序文件	有记录，证明 1 分，无 0 分				
	2.4 质量问题归零（6 分）	半导体器件在交付后出现质量问题时，能及时根据 Q/QJA10 进行质量问题归零	查归零情况报告	有规定 1～3 分，否则 0 分				
				归零情况好 1～3 分，否则扣 1～3 分				
3 设计保证能力（16 分）	3.1 设计管理体系（4 分）	建立了完善的设计管理体系	查设计管理文件，至少包括设计管理流程、设计、仿真、验证、工艺控制以及测试等要求	建立了完善的设计管理体系 2～4 分，否则扣 2～3 分				
	3.2 设计人员（6 分）	经过专业培训，具备上岗资格	查培训记录、上岗资格证明	有记录，证明 1 分，无 0 分				
		核心研发人员具备三年以上该门类产品研发经验	查人才档案	核心研发人员具备三年以上该门类产品研发经验 2 分，无 0 分				
		研发队伍相对稳定	查在职和聘用人员花名册，计算核心研发人员流失率	流失率低于 5%，3 分				
				流失率 5%～10%，2 分				
				流失率 10%～20%，1 分				
				流失率高于 20%，0 分				
	3.3 设计软硬件要求（6 分）	具有独立的半导体器件的设计、仿真、验证工具	查设计、仿真和验证的软件和硬件设备	具有独立的半导体器件的设计、仿真、验证工具，且授权合法 3～6 分，否则扣 1～2 分				

续表

项目	要求	检查方式	评分细则	得分	发现的问题	检查人签字	备注
4 生产供货能力（30分）							
	外协生产线均为中国境内非外资生产线	查供应商的合格外协方评价记录	符合2分，否则取消认定资格				
	供应商应设立独立的外协管理部门	查应商应设立独立的外协管理部门的设置情况	符合2分，无0分				
	供应商应建立完善的外协管理与控制体系	查外协管理与控制文件和相关记录，应包含外协管理的制度、程序、要求，外协方的选择、评价、再评价的管理程序和要求等，明确外协过程的关键控制点	建立了完善的外协管理与控制体系1～2分，否则扣1分				
4.1 外协控制能力（12分）	所选流片生产线应有备选方案	查供应商的合格外协方目录，至少具备两家该产品的流片生产线	符合1分				
	外协封装生产线应通过国军标生产线认证	查外协封装生产线鉴定证书复印本	符合1分				
	半导体器件的测试和可靠性试验应在本单位、集团公司或国家认可的质量保证机构进行	查供应商的合格外协方评价记录	符合1分				
	测试故障覆盖率应在90%以上	查测试系统	符合1分				
	对外协方明确生产过程控制要求	查对外协方明确生产过程控制要求	有生产过程控制要求1分				
	外协方向供应商提供的工艺更改，应告知用户	查外协方向供应商提供的工艺更改记录	有工艺更改情况记录1分				
4.2 生产管理（3分）	建立与半导体器件生产相适应的生产管理制度	查外协方提供的生产管理制度和按要求组织生产情况的证明	有生产管理制度和按要求组织生产的证明2～3分，否则扣2～3分				

续表

项目	要求	检查方式	评分细则	得分	发现的问题	检查人签字	备注
	4.3 安全生产（2分）	查安全设施	符合1分,不符合0分				
		查安全制度	制度完善1分,否则0分				
	4.4 可追溯性（2分）	查相关的程序文件	有1分,无0分				
		抽取任一产品,从产品出厂追溯到原材料入厂,查全过程记录或记录	产品可追溯1分,过程中出现混乱扣3～4分				
	具有确保生产安全的设施和规章制度 具有从原材料入厂到成品出厂全过程的唯一性标识和完整记录,确保产品的可追溯性						
	4.5 禁（限）用工艺和材料（2分）	查生产工艺文件或作业指导书	无禁（限）用工艺2分,如有则根据采用禁（限）用工艺多少扣1～5分				
	生产工艺不能（或限制）采用航天科技〔2013〕795号文件规定的禁（限）用工艺						
4 生产供货能力（30分）	4.6 供货周期（5分）	查近三年的供货记录	履约率达95%以上5分,每减少5%减去1分,低于70%扣3～5分,低于55%取消认定资格				
	能够按合同要求如期供货,并有较高的合同履约率						
	4.7 产品价格（1分）	查订货合同,与其他供应商的相同产品进行比较	与同类产品的其他供应商相比,产品价格低廉1分,相同0分				
	与其他供应商的相同产品相比,具有性价比优势						
	4.8 原材料供货渠道（2分）	查相关记录	有稳定的原材料供货渠道2分,否则0分				
	应提供关于硅片、衬底、管壳、键合及粘接材料等原材料备稳定可靠供货渠道的证明						
	4.9 仓储要求（1分）	查成品库房	符合1分,不符合0分				
	应建立成品库						

续表

项目	要求	检查方式	评分细则	得分	发现的问题	检查人签字	备注
5 技术服务能力(2分)	5.1 质保期(1分) 提供的半导体器件应满足合同或相应产品标准规定的质量保证期要求	查相关规定	满足1分,不满足0分				
	5.2 技术服务(1分) 能够按有关法规和合同要求及时提供全过程的技术服务,包括技术培训、技术咨询、提供配件,使用以及操作、维护资料的更新,支付后出现问题时采取的纠正改进措施等,应能满足用户要求	查相关技术服务记录	售后服务好1分,差0分				
6 经营发展能力(12分)	6.1 财务(6分) 具有与半导体器件生产相适应的经济实力,不存在资金困难、濒临破产的状况	查经济状况评估报告和近三年的资金流动情况记录	经济实力强3分,较强2分,濒临破产则取消认定资格				
	建立了健全的财务管理制度并有效执行	查相关的程序文件	制度健全1分,否则0分				
		查财务记录	有记录1分,无0分				
	具有合理的资产负债率	查近三年的资产负债表	资产负债率合理1分,否则0分				
	6.2 设计和开发(2分) 具有较强的研发能力和激励创新的机制,研发投入达到年产值的10%	查有关鼓励创新的政策文件	有政策2分,无0分				
	6.3 环境保护(2分) 严格执行国家相关的环保法规和标准要求,相关的重要环境因素应受到控制	查相关文件、历史记录 查现场、记录	符合1~2分,不符合0分				
	6.4 信息化建设(2分) 建立并健全其信息化系统,及时向用户提供生产、质量保供信息	查信息的通报情况记录	信息通报及时1分,否则0分				
		查信息化建设情况	信息化建设情况良好1分,否则0分				

续表

项目		要求	检查方式	评分细则	得分	发现的问题	检查人签字	备注
7 企业文化(8分)	7.1 军工意识(3分)	具有良好的军工意识,重视军工生产任务,具有为航天产品配套服务的荣誉感和责任心	与管理者交谈,查为军工系统服务情况	符合 1~3 分,否则 0 分				
	7.2 质量文化(3分)	全面、系统地开展了企业的质量文化建设工作,接受航天质量理念	查相关的体系文件	有质量文化体系 2 分,否则 0 分				
				接受航天质量理念 1 分,否则 0 分				
	7.3 企业形象与员工素质(2分)	企业形象良好,厂区规划井然有序	查厂区概况	企业形象良好 1 分,否则 0 分				
		员工整体素质较高,具有积极的精神风貌和敬业态度	与员工交流	员工素质符合要求 1 分,否则 0 分				
总计:								

表 4-6　航天型号物资供应商调查表

1　供应商基本情况

1.1　单位名称(加盖单位印章):

供应商名称	全称		企业性质	
	其他名称		法人姓名	
生产场所/工厂地址			邮政编码	
			电话	
注册地址			注册资金	
电子邮箱			传真	
所属部门				
主要部门负责人及联系方式				

部门	姓名	单位电话	手机	电子邮箱	通信地址	邮编
最高管理者						
军品管理部门负责人						
质量部门负责人						
销售部门负责人						
联系人						

1.2　贵单位员工总数: _____ 人,其中具有中级以上职称的技术人员有 _____ 人。

1.3　下面哪一项描述最恰当地说明了贵单位的配套物资生产运作状况:

□连续生产(终年如此)　　□季节性生产(一年的部分时间)　　□周期性停工

如果选择后两项,请提供详细安排: _____

_____ 。

1.4　贵单位有无驻京办事机构?

□无　　□有,如果选择后一项,请提供详细信息:

驻京办事机构地址: _____ 邮编: _____ 传真: _____

序号	姓名	职务	电话	主管工作范围

2　航天型号物资及应用情况

航天型号物资及应用情况	
产品类别	□元器件　□金属材料　□非金属材料　□复合材料　□标准紧固件
协作时间	

续表

航天型号物资及应用情况						
所供产品的品种	鉴定或 定型时间	正常供货周期	订货单位	生产运作状况		
（可按本表格的形式续表）				□A	□B	□C
				□A	□B	□C
				□A	□B	□C
				□A	□B	□C
				□A	□B	□C
				□A	□B	□C
				□A	□B	□C
				□A	□B	□C
				□A	□B	□C
				□A	□B	□C
				□A	□B	□C

注：此处将配套物资的生产运作状况分以下三种，请在所选择项目前的□内划√：
　　A 连续生产（终年如此）　　B 季节性生产（一年的部分时间）　　C 周期性停工
　　如果选择后两项，请提供详细安排：＿＿＿＿＿＿＿＿＿＿＿＿＿＿＿＿＿＿＿＿＿＿＿＿＿
＿＿。

3　供货能力

3.1　贵单位是否获得过相关机构的认证？

□否　□是，请提供详细情况：

序号	认证类别	证书覆盖的产品范围	证书有效期	认证机构

3.2 主要生产设备：＿＿＿＿＿＿＿＿＿＿＿＿＿＿＿＿＿＿＿＿＿＿＿＿＿＿＿＿＿＿＿＿＿

＿＿。

3.3 主要检测设备：＿＿＿＿＿＿＿＿＿＿＿＿＿＿＿＿＿＿＿＿＿＿＿＿＿＿＿＿＿＿＿＿＿

＿＿。

3.4 近三年以来，贵单位所生产的配套物资在航天型号的应用中曾发生的质量问题和改进措施有哪些？

序号	时间	产品品种	产品批次	订货单位	质量问题描述	原因与改进措施	备注
1							
2							
3							

注：可按本表格的形式续表，"质量问题描述"和"原因与改进措施"两栏的填写应突出重点、语言简练。

3.5　下面哪一项描述最恰当地说明了贵单位的质量保证能力?

□质量管理体系运行良好,能够正确理解并落实用户要求,产品生产处于受控状态。

□质量管理体系运行正常,能够正确理解并落实用户要求,产品生产处于受控状态。

□质量管理文件和规章制度基本完善,产品生产处于受控状态。

4　为建立用户与供应商互惠的"双赢"关系,贵单位能够为用户提供哪些方面的技术支持或服务,希望用户为贵单位提供哪些方面的支持或服务?

_____

_____。

注:请在所选择项目前的□内划√。

表4-7　航天型号物资供应商认定综合资料报表

序号	名　称	提交情况	页　数
1	经年检的企业法人营业执照副本复印件	是□　否□	
2	税务登记副本复印件	是□　否□	
3	质量体系认证证书复印件	是□　否□	
4	质量管理手册	是□　否□	
5	保密资格认证证书复印件	是□　否□	
6	省部级或行业协会推荐认可的证明材料	是□　否□	
7	主要军工用户名单	是□　否□	
8	最近三年的资产负债表复印件	是□　否□	
9	武器装备(或航天产品)生产许可证复印件	是□　否□	
10	企业法定代表人身份证复印件	是□　否□	
11	权威机构出具的产品检测报告和证书	是□　否□	
12	主要原材料供应厂商清单(最近)	是□　否□	
13	关键工序工艺流程文件	是□　否□	
14	产品全过程检验和试验点设置流程图	是□　否□	
15	关键生产和检验设备清单	是□　否□	
16	质量问题处理意见及相关材料	是□　否□	

注:1. 请在所选择项目前的□内划√;

　2. 提交时请按照序号将所有资料以 A4 纸格式整理并装订成册,涉密资料请标明密级。

填表人:　　　　　　　　　　　　　　联系电话:

后附:经年检的企业法人营业执照副本复印件;

　　　税务登记副本复印件;

　　　质量体系认证证书复印件;

　　　质理管理手册;

　　　保密资格认证证书复印件;

　　　省部级或行业协会推荐认可的证明材料;

　　　主要军工用户名;

　　　最近三年的资产负债表复印件;

　　　武器装备(或航天产品)生产许可证复印件等。

4.2.5　供应商的重新认定

名录内的供应商出现以下情况之一，需进行重新考核认定：

1）验收时连续三次出现批次不合格或使用过程连续两次出现批次质量问题的；

2）供应商的企业性质、生产能力、生产基线、生产过程等发生重大变化，可能影响配套产品生产供应的；

3）年度绩效评价结果为不合格的；

4）供应商配套的型号物资连续三年未给集团公司所属单位供货的。

重新考核认定的程序：

1）由发现问题的单位向集团公司报送供应商重新认定申请表（见表4-8）。

2）由集团公司组织开展重新认定工作。重新认定按照4.2.4.2节"新供应商的开发认定"中第6）、7）条进行。需重新认定的供应商可视情况责令其限期整改，并在整改期限到期时对其整改结果进行确认，达到整改要求者为合格，否则为不合格。重新考核认定的结果经集团公司领导批准后予以发布，将重新考核认定不合格的供应商从名录中予以剔除。

表 4 - 8　供应商重新认定申请表

申请单位：

供应商名称	
需重新认定情况类别	□ 验收时连续三次出现批次不合格或使用过程连续两次出现批次质量问题的 □ 供应商的企业性质、生产能力、生产基线、生产过程等发生重大变化,可能影响配套产品生产供应的 □ 年度绩效评价结果为不合格的 □ 供应商配套的型号物资连续三年未给集团公司所属单位供货的 □ 其他需要重新认定的情况
情况描述	
院主管部门意见	（院主管部门签章） 年　　月　　日

联系人：　　　　　　　　　　　　　　　电话：

4.2.6　不合格供应商的退出

集团公司对合格供应商名录实施动态维护管理，根据型号实际需要和供应商资质符合情况，有进有出，对不合格、有问题的供应商及时取消其合格供应商资格。具体分以下几种情况：

1）供应商违反国家法律法规或在供应过程中采取不正当手段，应将其从名录中剔除。

2）对于绩效评价中确定为不合格的供应商，经重新考核认定仍不合格的供应商将被从名录中剔除。但由于航天产品技术状态控制的要求，被剔除供应商所供应的产品被其他供应商相应的产品替代时，必须进行充分的代料试验工作，因此对不合供应商的剔除一定要慎重，要尽可能帮助不合格供应商改进提高，不要轻易剔除原来合格的供应商。

3）对于连续三年未给航天型号供货，且经各院核实不再有采购需求的单位，应及时从名录中予以删除。

4）对于发生倒闭、停产、转行、合并的供应商，不再为军工配套的供应商，以及因为相关资质被国家主管部门取消的供应商，在核实确认的基础上也应及时从名录中予以删除。

4.3　绩效评价

供应商的绩效评价是供应商管理的有效手段。评价方法的科学合理尤为关键，应尽量减少人为因素的干扰，做到对供应商客观评价。

通过对供应商绩效的评价，一方面了解供应商的表现，促进其提升供应水平和能力，确保其所提供物资的质量；另一方面，了解供应商的不足之处，以便于督促其改进。再者，通过绩效评价工作掌握供应商发展的态势，与绩效好的供应商进行深度合作，并给予相关层面的支持；对于绩效差的供应商应根据实际情况对其中部分有价值的供应商制定改善计划，对绩效太差且没有发展潜力的供应商，尽早采取措施，主动开发新供应商替代。

供应商绩效评价工作，主要由技术部门、质量部门及物资部门等相关业务部门组成评估小组实施。根据考评细则分别定期对供应商的综合表现进行评分排名，评价过程及结果应适度对被评价供应商公开，以便于评估小组对供应商实际综合水平有全面、深入的了解，而供应商本身也能从评价中不断改进、提高，评价过程同时也被视为一种对供应商的激励与监督。

集团公司对名录内供应商按集团公司和院两级进行绩效评价，每年评价一次。评价结果作为供应商管理的依据。绩效评价按照供应商供的物资类别分类进行。具体物资分类明细见表 4-9。

表 4-9　绩效评价具体物资分类明细表

序号	物资分类及计量单位		
1	元器件	1. 集成电路	只
		2. 半导体分立器件	只
		3. 光电子器件	只
		4. 真空电子器件	只
		5. 电阻器	只
		6. 电容器	只
		7. 电连接器	只

续表

序号	物资分类及计量单位		
1	元器件	8. 继电器	只
		9. 滤波器	只
		10. 频率元件	只
		11. 磁性元件	只
		12. 开关	只
		13. 微波元件	只
		14. 微特电机	台
		15. 敏感元件及传感器	只
		16. 电池	只
		17. 熔断器	只
		18. 电声器件	只
		19. 电线电缆	米
		20. 光纤光缆	只
2	标准紧固件		件
3	金属材料	1. 黑色金属铸造合金	千克
		2. 黑色金属厚板	千克
		3. 黑色金属薄板	千克
		4. 黑色金属带材	千克
		5. 黑色金属棒材	千克
		6. 黑色金属丝材	千克
		7. 黑色金属管材	千克
		8. 黑色金属型材	千克
		9. 黑色金属锻件	千克
		10. 黑色金属铸件	千克
		11. 黑色金属粉末及粉末冶金材料	千克
		12. 黑色金属焊接材料	千克
		13. 黑色金属制品	千克
		14. 有色金属铸锭及冶炼产品	千克
		15. 有色贵金属	千克
		16. 有色轻金属	千克
		17. 有色重金属	千克
		18. 有色稀有金属	千克
		19. 有色金属粉末及粉末冶金材料	千克
		20. 有色金属焊接材料	千克
		21. 有色金属制品	千克

续表

序号	物资分类及计量单位		
4	非金属材料	1. 橡胶及橡胶制品	千克
		2. 塑料制品	千克
		3. 合成树脂	千克
		4. 胶黏剂	千克
		5. 涂料	千克
		6. 纤维及特种纺织品	千克
		7. 石油产品	千克
		8. 基础化学品	千克
		9. 推进剂及火炸药	千克
		10. 碳/石墨材料及制品	千克
		11. 陶瓷制品	千克
		12. 特种玻璃	千克
		13. 矿物质	千克
5	复合材料	1. 聚合物基复合材料	千克
		2. 碳基复合材料	千克

4.3.1　绩效评价的指标体系

绩效评价实行百分制，采取定量与定性相结合、以定量为主的指标体系。绩效评价从 5 个方面进行，其中产品质量、供货进度、科研任务完成情况为定量指标，产品价格和服务水平为定性指标。各方面所占分值为：产品质量分值为 50 分、供货进度分值为 30 分、科研任务完成情况分值为 5 分、产品价格分值为 5 分及服务水平分值为 10 分。

绩效评价时按《合格供应商年度绩效评价表》中要素进行评价（见表 4 – 10），相关数据应为各单位物资业务中的实际数据。

表 4 – 10　合格供应商年度绩效评价表

评价要素		评分说明
产品质量 （50分）	产品验收批次合格率 （30分）	用户验收批数（A），合格批数（B）；得分为 $30 \times B/A$
	提交产品合格率（5分）	提交产品总数（C），提交产品合格数（D）；得分为 $5 \times D/C$
	交付后产品质量 （15分）	个性质量问题情况分值为 6 分，批次性质量问题情况分值为 9 分。每出现一次个性质量问题扣 1 分，扣完为止。每出现一次批次性质量问题扣 3 分，扣完为止
供货进度 （30分）	订货合同履约率（15分）	订货合同物资项数（E），订货合同履约物资项数（F）；得分为 $15 \times F/E$
	合同准时履约率（15分）	订货合同中准时履约物资项数（G）；得分为 $15 \times G/E$

续表

评价要素		评分说明
科研任务完成情况 （5分）	科研项目计划完成率 （5分）	指承担元器件、原材料科研项目完成的情况。计划总项数（H），实际完成项数（I）；得分为 $2+3\times I/H$
产品价格（5分）		产品价格合理得 4～5 分，基本合理得 1～3 分，不合理得 0 分
服务水平（10分）	归零情况（4分）	按要求及时归零的 4 分，不能完全按要求及时归零的 1～3 分，拒不归零的该项得分计为负 50 分
	技术支持（3分）	主要指对产品使用的指导、新产品的推广介绍等情况。满意 3 分，基本满意 1～2 分，不满意 0 分
	服务情况（3分）	主要指解决问题的及时性、沟通配合等情况。满意 3 分，基本满意 1～2 分，不满意 0 分

注：如当年没有供货，产品验收批次合格率、提交产品合格率、订货合同履约率、合同准时履约率得分按项目分值的 75% 计算。

评价要素部分数据项含义补充说明：

1）用户验收批数：指评价年度内，供应商提交验收产品的生产批次数量；同一生产批分次交货按照一批统计，多批一次交货按照具体批次数进行统计。

2）合格批数：指在用户验收批次数中，验收合格的产品生产批次数量。

3）提交产品总数：指评价年度内，供应商提交验收产品总数量，补交退换货的产品数应计入提交产品总数。

4）提交产品合格数：指提交产品总数中通过验收合格的产品数量。

5）个性质量问题数：指验收合格的产品发生个性质量问题的产品数量。

6）批次质量问题数：指发生批次质量问题的生产批次总数量，同一生产批次只统计一次。

7）订货合同中应履约的物资项数：指评价年度内，按照双方合同约定应履约的物资项数统计。以往年度签订合同，但物资项履约节点在评价年度内的属于统计范围。

8）订货合同中实际履约的物资项数：指在评价年度实际履约的物资项数。履约节点在评价年度内，拖期完成履约的物资项属于统计范围。

9）订货合同中准时履约的物资项数：订货合同中实际履约的物资项中，准时履约的物资项数。

10）科研项目总数：指由装备发展部、国防科工局等上级机关立项，正在开展研制工作的纵向科研项目合计数。

11）按计划完成项数：指按照立项研制合同或技术协议规定，考核节点在评价年度内，且按照考核节点完成的科研项目数量。

4.3.2　绩效评价工作流程

供应商绩效评价工作分集团公司、院、厂（所）三级进行，每年一次。

1）按照集团公司统一部署要求，每年 1 月初，各厂（所）首先对本单位内集团公司合格供应商上一年度型号物资供货的质量、进度、价格、产品研发能力及服务等方面进行绩效评价，对于一个供应商供应多种类别物资的，要逐类进行评价，并将评价结果报所在院主管部门。

2）各院在所属单位上报绩效评价数据与结果的基础上，每年1月对本院内集团公司合格供应商进行综合分析评价，完成供应商绩效评价报告；供应商绩效评价数据和绩效评价报告经主管院领导审批后报集团公司。供应商绩效评价报告至少应包括供应商绩效评价的总体情况、评价结果、供应商改进的意见及对评价得分75分以下供应商的具体情况分析等内容。

3）在收集所属各单位绩效评价数据的基础上，综合各院供应商绩效评价结果，集团公司对《名录》内合格供应商进行综合绩效评价，完成《集团公司航天型号物资供应商年度绩效评价报告》，报集团公司主管领导批准后通报各院及相关供应商。综合绩效评价结果分为优、合格和不合格。各院绩效评价得分均不低于85分且集团公司综合绩效评价得分90分以上的供应商，其绩效评价结果为优；各院绩效评价最低分低于75分的供应商，其绩效评价结果为不合格；其他供应商绩效评价结果为合格。对一个供应多类别物资的供应商而言，其综合评价结果取决于其供应的所有物资类别的评价结果的最低档。

4.3.3　航天优秀供应商的评选

供应商综合评价的结果只反映了供应商的优劣，没有反映该供应商对集团公司整体贡献的大小。评选航天优秀供应商的目的是全面反映该供应商对集团公司的贡献，具体评选原则如下。

1）统筹兼顾供应商供货绩效及其对航天型号配套的影响。评选优秀供应商，既考虑供应商的供货绩效，即质量、进度、价格、服务等，体现优的思想，又考虑供应商的供应份额及其在集团公司内用户的数量，体现大的思想。

2）坚持集中资源形成合力的思想。评选优秀供应商，强调供应商在全集团范围内的供货绩效、供应份额和用户覆盖范围，突出集团集中资源形成合力的思想。

3）坚持航天质量第一的理念。批次性质量问题对航天型号任务影响重大，因此把批次性质量问题作为评选优秀供应商的否决项，凡是交付物资发生了批次性质量问题的供应商均不能评选为优秀供应商。

4）统筹兼顾型号配套物资各专业之间的平衡。统筹考虑型号物资专业分类及各专业特点、供应商数量，坚持按照标准评选，宁缺毋滥，优秀供应商数量不超过供应商总数量的10%。

优秀供应商由集团公司组织评选，每两年组织一次，报集团公司主管领导批准后通报各院及有关单位，并进行表彰。

优秀供应商评选对象为在评选周期内其所配套物资专业的年度综合绩效评价结果均为优且未发生批次质量问题的供应商。集团公司所属内部配套单位不参加优秀供应商评选。

优秀供应商评选实行百分制。评选要素包括年度供货综合绩效、供应份额和用户覆盖范围，其中：年度综合绩效所占分值为 60 分、供应份额所占分值为 30 分、用户覆盖范围所占分值为 10 分。供应份额是指供应商在该类物资的供应份额与该类物资中供应商的最大供应份额的比值；用户覆盖范围是指供应商该类物资的用户数量与该类物资中用户最多的供应商用户数的比值。

评选结果及时向供应商反馈，并在集团公司范围内发布，同时将评选结果记入该供应商档案。

4.4　关系管理

随着集团公司规模的不断扩大，与供应商的联系越来越密切，加强与供应商及其主管部门的沟通交流，积极向供应商的主管部门及国家有关部门反映其存在的困难和问题，促使供应商能更好地为航天型号提供配套服务，建立双方良好关系十分重要。

在实际工作中，常通过以下几方面强化供应商关系管理：

1）积极向国家有关部门报告和反映相关供应商对航天事业的支持贡献和存在的困难，争取国家政策、技术、资金等方面的支持。

2）和重要供应商建立战略合作伙伴关系，通过供需双方的紧密沟通，使其提前了解航天在进度方面的需求，使供应商的生产和研发工作可以同步或提前于航天产品开展，主动带动供应商技术水平的进步。

3）利用中国航天的品牌优势，帮助供应商企业提高知名度，促进供应商企业发展。

4）通过签署长期框架协议的方式，使供应商变被动供货为主动生产，减少对供应商正常生产的冲击。

5）对独家供应的供应商，密切关注其生产供应状态，确保物资稳定供货。

4.4.1　优秀供应商的表彰与激励

对于航天优秀供应商，集团公司按照利益共享、风险共担的原则，通过多种形式的表彰与激励，形成稳定的供应链联盟。

在实际工作中，常通过以下形式对优秀供应商进行表彰与激励：

1）给予航天荣誉性表彰与激励。例如邀请供应商代表观看型号任务发射、召开供应商答谢会授予优秀供应商奖牌等，用社会效益增强供应商为航天事业做贡献的荣誉感，激励其不断努力，为航天型号提供更加可靠的产品和更加优质的服务。

2）给予经济效益性表彰与激励。可在新产品开发、产品价格及物资订货等方面予以优先考虑，推荐其产品进入集团公司优选目录，用经济效益调动供应商承担航天型号配套任务的积极性。

4.4.2　问题供应商的约谈与惩戒

集团公司每年组织对发生质量、进度问题多或信访举报存在商业贿赂、虚假欺骗行为的供应商开展约谈活动。如：对发生质量问题多的供应商约谈时，会深入分析型号物资质量问题发生的根源，共同研究制定有效措施，提升供应商质量保证能力，确保型号物资保质、保量、按时供应。针对问题严重程度，可采取相应惩戒措施，比如：专门约谈、现场检查、质量整改、重新考核认定及取消合格供应商资格等。各院视情况对所认定的问题多发供应商开展二方认定检查等工作。

4.4.3　战略合作与走访交流

拥有优秀的战略型供应商是集团公司可持续发展的重要保证，也是集团公司能按时顺利完成型号科研生产任务的重要保证。在加强供应商管理与质量控制的同时，与之建立互利共赢的关系成为集团公司能否取得成功的关键。为此，积极与重要供应商建立战略合作伙伴关系，通过供需双方的紧密沟通，使其提前了解航天在进度方面的需求，使供应商的生产和研发工作可以同步或提前于航天产品开展，主动带动供应商技术水平的进步。

此外，建立供应商走访制度，及时了解掌握供应商的动态，传达航天有关管理要求，同时使供应商能及时获知航天型号配套物资需求，更好地增强其竞争能力。

4.5　档案管理

建立与供应商利益共享、风险共担的供应链联盟，实现与供应商的协作共赢，确保型号物资的长期可靠供应，务必要加强对供应商的管理，集团公司和各院应建立供应商档案，以及时全面记录供应商基本资质信息、产品供应情况、取得成绩和荣誉、被约谈整改情况等信息。

4.5.1　档案信息的收集与动态维护

供应商档案主要内容包括：供应商的单位基本信息（基本情况、简介、驻外机构、供货能力），供应商的资质信息、产品信息、准入认定情况、年度绩效评价结果、发生质量问题情况、获得重要奖励的情况及其他重要信息（如被国家主管部门取消资质等），以及宣传介绍本单位的代表性文字和图片资料等。

供应商档案信息收集渠道：

1）各院将所掌握的供应商动态变化信息及时报知集团公司；

2）供应商应主动、及时将本单位发生的管理层变更、单位地址变化、资质能力变化、生产线搬迁等可能影响稳定、可靠供应配套产品的相关信息报航天用户单位及集团公司；

3）从国家上级主管部门印发文件中可获知有关供应商奖惩信息；

4）集团公司每年对供应商进行的绩效评价信息和每两年进行的优秀供应商评选信息；

5）每年从供应商档案信息采集卡及其他渠道获知信息。

动态维护组织结构：集团公司负责统一组织开展档案信息的动态维护；各相关院、厂（所）为责任主体，应及时将掌握的相关信息报集团公司；航天标准化与产品保证研究院为实施主体，供应商也有义务及时告知航天用户单位及集团公司。

供应商沟通交流平台：利用基于互联网的航天供应商信息管理平台（网址为 http：//gys. icasc. cn），实现与广大航天供应商的迅捷沟通和交流，开展档案信息收集工作，发布供应商管理相关信息，使供应商及时了解航天型号对配套物资的需求。

4.5.2　黑名单制度

严格新供应商开发和供应商重新考核认定，实行供应商黑名单制度，扶优汰劣，不断提升集团公司型号物资供应商整体能力。

名录内的供应商出现以下情况之一的，将取消其集团公司型号物资合格供应商资格，列入集团公司供应商黑名单，并在全集团范围内通报：

1）重新认定不合格的。

2）需重新认定的供应商拒不配合重新认定工作的，责令限期整改拒不整改的。

3）发生质量问题拒不配合归零工作的。

4）在招投标、合同签订和履约过程中，违反法律法规采取商业贿赂、虚假欺骗等不正当手段的。

对列入黑名单的供应商，各院应按通报要求做好终止采购合同等相关工作，并积极主动研究其配套型号物资的替代问题，确保型号配套的需要。

4.6　供应商的权利与义务

按照集团公司供应商准入管理相关要求，任何具有合法经营资格的物资生产制造商，只要符合集团公司《航天型号物资供应商管理办法》规定的供应商资格要求，即能满足航天型号物资应用的质量可靠性要求，且能为航天型号任务长期、稳定、可靠地供应相关物资专业类别的产品，都可以成为给航天型号配套物资的潜在供应商。潜在供应商按照集团公司《航天型号物资供应商管理办法》"开发新供应商"的有关程序和要求，由首先选择新供应商的院负责按评价准则对新供应商进行考核认定、对其产品进行鉴定（认定），确认合格后向集团公司推荐，然后由集团公司组织准入认定，合格后列入集团公司型号物资合格供应商名录，即成为航天型号物资合格供应商。

航天型号物资供应商作为航天型号任务的重要参与方，承担着为型号任务长期、稳定、可靠地供应合格物资的责任，也为航天事业的快速发展做出了不可替代的贡献。因此航天型号物资供应商应该享有一系列合法的权利，这些权利在为航天型号配套物资的过程中应该得到充分的尊重和保护；同时为了保障航天任务的顺利实施，航天型号物资供应商也必须承担相关的责任和义务。

4.6.1　权利

（1）有优先为型号任务配套的权利

航天型号物资供应商可优先为航天型号任务配套相应类别的物资。集团公司所属各单位在采购物资时，对于集团公司合格供应商名录已涵盖的物资类别，各院必须在名录内选择型号物资的供应商。

（2）有平等参与采购的权利

同物资类别的航天型号物资供应商有平等获得物资需求的权利。

如果是招标采购，航天型号物资供应商有权在正式投标前，对于招标文件中存在歧义或者模棱两可的内容提出疑问，航天用户单位应及时做出答复；招标文件发出后，如果内容有修改，航天型号物资供应商有权要求航天用户单位及时将修改后的内容通知到供应商。

在采购合同签订后，航天型号物资供应商有权要求航天用户单位严格履行采购合同，在航天用户单位变更修改采购合同时，有权要求就合同变更内容进行协商，并维护自身的正当权益。

（3）有要求采购方保守自身商业秘密的权利

航天型号物资供应商在参与供应商认定和物资采购活动过程中，以及在配合集团公司及有关各单位进行产品鉴定、资格审查、采购协议签订等工作中，可能会涉及其商业秘密，供应商有权利要求航天用户单位保守供应商自身的商业秘密。同样，在采购商务谈判的过程中，供应商有权利要求航天用户单位对于供应商的谈判内容、谈判条件等进行保密。

（4）有了解航天型号相关管理要求的权利

航天型号对于型号物资在质量控制、禁用物资、禁用工艺、产品标准规范等方面均有明确的管理要求，参与航天型号配套的供应商有权了解航天型号相关管理要求，提高质量控制水平和管理要求，以更好地为航天型号服务。

（5）有了解相关物资未来需求的权利

集团公司组织各院根据未来航天型号应用需求和元器件、原材料等专业技术发展情况，提出航天型号使用的关键物资发展路线，制定航天关键物资需求总体规划。航天型号物资供应商有权了解与自身专业有关的航天型号物资的未来需求，及早为航天未来相关物资专业需求进行技术和研制生产储备。

（6）有利用集团公司提供的平台和渠道展示和推广产品的权利

集团公司一直鼓励和推动航天型号任务应用国产物资，利用航天型号物资保证信息平台等渠道打造直接面向航天用户单位设计师、且以多种呈现方式为载体的国产物资应用推广平台，推动国产物资已有成果在航天型号的广泛应用，进一步提升航天型号物资自主保障能力。供应商可利用信息平台进行优质产品的宣传推广，优秀的供应商还可以联合集团公司组织专项推广活动，向航天用户单位设计师等介绍产品的性能指标和应用数据等信息。

（7）其他合法权利

如果是航天用户单位因故变更、中止、终止采购合同，供应商有权要求保护自身权益，如发生经济利益损失时，有权利要求给予合理的补偿。

在型号物资配套过程中，型号物资供应商有权利拒绝航天用户单位及人员的各种不当利益要求。

4.6.2　义务

（1）应具有为航天型号配套服务的荣誉感和责任心

航天型号物资供应商应具有良好的军工意识，重视军工生产任务，自觉接受航天质量理念，企业管理者应通过开展为航天服务、为军工配套、为祖国立功的企业文化建设，多种形式的宣传、教育，引导企业员工树立强烈的为军品配套的荣誉感和责任心，帮助企业员工正确理解航天质量管理理念和要求。

（2）告知企业经营活动变化情况

供应商有义务向航天用户单位及集团公司告知企业经营活动的变化情况。如企业性质、股权结构、法人、地址、生产线等变化须以供应商单位名义提交正式资料，加盖单位公章后提交集团公司。经营活动变化情况报告需要明确变化内容及其对产品生产配套带来的影响，报告内容必须客观真实，不得弄虚作假，确保集团公司能如实了解供应商的真实情况，对供应商的生产配套能力等作出准确客观判断。经过评估认为变化可能影响产品生产配套的，供应商还应配合集团公司按照《航天型号物资供应商管理办法》有关程序和要求，开展供应商配套资格重新认定等工作。

（3）按要求提供合格产品与良好售前售后服务

供应商需按照采购合同要求生产相关产品，产品生产过程可控、工艺稳定，对特殊工艺、关键工序有明确的评价准则、严格的监控措施和完整的记录，产品生产全过程记录可追溯。供应商需按照合同规定按期保质供货，当不能按期交付时应及时通知航天用户单位。

对于产品中有外购部组件和外协工序时，所采购的部组件应满足航天用户单位对产品提出的质量可靠性控制要求；对于外协工序，需对承担外协工序的生产单位的生产能力进行认定，并明确外协产品所需的质量控制要求。

供应商在推介产品时，应向航天用户单位提供完整、详尽的产品手册，明确告知产品的性能指标、鉴定检验情况、环境适应边界条件及应用注意事项等。以帮助设计师更多地了解产品、更好地使用产品。适当时，还应对航天用户进行技术培训等活动。提交产品后，供应商有义务向航天用户单位及时提供良好售后服务，包括技术咨询、提供配件、提供技术文件，以及产品生产过程数据包等。

当老产品停产时，供应商有义务提前告知航天用户单位。当工艺更改可能影响产品质量和技术状态时，应按照航天工艺更改有关控制要求履行程序。

（4）保持长期稳定供应产品的能力

供应商有义务保持所供产品的生产线及工艺稳定，积极采取有效措施，不断提升产品生产过程控制水平，不断提高产品质量保证能力，确保产品生产全过程自主可控，不断降低产品供应成本，增强竞争能力，确保型号配套物资的长期、稳定、可靠供应。

（5）积极配合产品质量问题处理工作

供应商有义务积极配合集团公司做好配套产品质量问题的分析、处理工作。所供产品发生质量问题后，供应商有责任按照航天质量问题归零有关要求认真开展质量问题双归零工作。

（6）有义务规范物资基础数据，并按要求提交物资编码

供应商有义务按照集团公司相关标准要求提供配套产品的物资基础数据，并根据集团公司物资编码规则进行编码；定期完成物资编码更新数据包报集团公司，以便于在业务数据交互中应用。

（7）保守国家秘密

供应商在企业宣传、产品推广、社交媒体交流和配套服务过程中，禁止披露航天用户单位信息和航天型号任务信息，禁止披露供应产品品种、数量、提交产品时间信息，禁止披露未来需求品种信息和数量信息，应严格执行国家有关保密法律法规和集团公司有关保密规定，不该问的不问，不该看的不看，不该说的不说。

（8）廉洁从业承诺

物资采购领域一直是反腐倡廉关注的重点，供应商应对廉洁从业作出承诺：

1）不得向用户相关人员支付佣金回扣等不合规费用；

2）不得以礼金、名贵物品、有价证券、支付凭证及供应商的各种福利待遇等方式向用户有关人员进行贿赂；

3）不得替用户有关人员报销应由个人承担的任何费用；

4）不得与用户有关人员就合同条款、质量保证有关工作和质量问题处理等私下商谈或达成协议；

5）不得邀请用户有关人员参加由供应商组织的宴请、旅游、娱乐、健身等与工作无关的活动；

6）不得为用户有关人员的住房、装修、婚丧嫁娶、家属工作安排或出国等提供方便或财物支持；

7）不得实施其他可能对用户有关人员公正执行职责有影响的不当行为；

8）对于集团公司所属单位有关人员主动向供应商提出如上违反廉洁从业的任何要求，供应商都应当予以拒绝，并及时向集团公司进行举报。

对违反以上承诺的供应商，集团公司将取消其合格供应商资格，严重的将列入集团公司供应商黑名单，必要时要追究其相应的法律责任。

（9）不得采取各种非正当的方式和手段获取利益

供应商在型号物资配套过程中，不得采取弄虚作假、欺骗瞒报、商业贿赂等非正当的方式和手段获取利益，并按照要求接受集团公司有关管理部门的监督检查。如发现存在采用非正当手段获取利益行为时，供应商必须为此承担相应责任。

（10）遵守各项法律法规的义务

航天型号物资供应商在型号物资配套过程中，必须遵守国家及相关行业的法律法规和管理制度。

第 5 章　航天型号物资产品保证

航天工程具有极端的复杂性、风险性，具体表现在所处环境恶劣、系统集成度高、复杂性高、涉及专业技术多样、性能领先、产品保证难度大，要求元器件、原材料、标准紧固件等基础物资要实现绝对的质量可靠。本章主要阐述针对航天型号物资，按照"精细化""零缺陷"等质量要求实施的一系列管理上、技术上的控制措施，并将型号研制生产过程中暴露的物资质量问题作为典型案例进行分析。

5.1　航天文化和零缺陷质量理念

航天科技工业 60 多年的发展历程积淀了深厚的文化底蕴，在聂荣臻元帅等老一辈革命家和钱学森等老一辈科学家的积极倡导下，航天科技工业创建伊始就确立了"严肃的态度、严格的要求、严密的方法"的"三严"作风。1966 年，周恩来总理进一步提出了"严肃认真，周到细致，稳妥可靠，万无一失"的"十六字方针"。集团公司成立以来，按照"坚持、完善、发展"的工作思路，形成了具有当代中国航天特色的"严慎细实"的工作作风。从"三严"作风到"十六字方针"，再到"严慎细实"，航天文化的精髓在与时俱进中得到传承，先后孕育出了"自力更生、艰苦奋斗、大力协同、无私奉献、严谨务实、勇于攀登"的航天精神、"热爱祖国、无私奉献、自力更生、艰苦奋斗、大力协同、勇于攀登"的"两弹一星"精神和"特别能吃苦、特别能战斗、特别能攻关、特别能奉献"的载人航天精神。以三大精神为代表的航天文化是我国航天科技工业发展历程中成功经验和失败教训的总结提炼，凝聚着几代航天人智慧和劳动的结晶。

周恩来总理提出的"十六字方针"是航天"零缺陷"质量理念的灵魂，要求在航天系统及全供应链牢固树立"零缺陷——第一次就把事情做对、做好"的质量意识，坚持"质量是政治、质量是生命、质量是效益"的质量理念，提倡"以质量创造价值、以质量体现价值"的质量价值观，深入推进精细化质量管理，发生的质量问题进行"双归零"，即按照"定位准确、机理清楚、问题复现、措施有效、举一反三"进行技术归零；按照"过程清楚、责任明确、措施落实、严肃处理、完善规章"进行管理归零。

5.2　贯彻航天型号物资标准

5.2.1　航天型号物资产品标准的分类

航天型号物资产品标准按照级别可分为国家标准、国家军用标准、行业标准和企业标准四个等级。型号在进行物资采购时，优先依据国家标准、国家军用标准和行业标准进行采购，无上述标准时再依据企业标准进行采购。四类产品标准的特点如下：

（1）国家标准

国家标准分为强制性国家标准和推荐性国家标准。型号物资使用的国家标准产品主要是通用的、基础性的物资产品，如胶水、防水材料、棒材、螺栓、螺钉等，集中在材料和标准紧固件两个专业。国家标准可以制定，也可以由国家军用标准的成果转化而来。

（2）国家军用标准

自 20 世纪 80 年代我国建立国家军用标准（GJB）以来，军用产品的质量有了很大提高，为保证我国武器装备的发展作出了很大的贡献。国家军用标准的管理程序与行业标准基本相同，但报批周期较长。通过 20 多年的实践，现有国家军用产品标准几千项，标准的制定模式是采用国外先进标准与自主创新相结合，标准中产品的质量与可靠性表征方法与国外基本一致。

（3）行业标准

行业标准的立项程序比较复杂，制定周期长，很难通过制定行业标准来解决型号的急需问题，往往是标准还没有发布，设计就已经定型，错过选用机会，这样的教训很多。因此，要配合型号的需求，加强标准的预研。行业标准的立项不应该过分强调型号急需，而应该更多地强调产品的超前性和通用性。主要有以下几个方面：

1）根据型号的潜在需求，引进国外先进产品标准；

2）针对全行业的需求，制定（新研制的）产品标准；

3）将有一定基础且有推广应用价值的企业标准提升为行业标准。

（4）企业标准

企业标准包括厂标、所标、院标和集团公司标准。企业标准灵活机动，内容伸缩性大，制定周期短，修订方便，不受时间限制，企业自己批准即可发布。所以一般型号急用的，最好先制定企业标准。

根据标准化法的精神，制定企业标准的原则只能是对行业以上级标准的补充、提高、完善和细化，不能是上级标准的简单重复，更不能将上级标准的指标降低。新制定的企业标准，技术指标一定不能低于国家军用标准或行业标准。

5.2.2　航天元器件产品标准的要求

（1）航天元器件产品标准的内涵

航天元器件产品标准是明示航天工程对元器件要求的载体，其内涵应该从航天工程对元器件的要求出发，基于本国的工业基础水平，采取适应本国国情的产品保证策略，以保证产品的固有可靠性为重点，同时为确保产品的使用可靠性提供基础信息，按照全寿命周期保证的思想进行设计。

为了实现航天任务要求，必须将型号对元器件的要求转化为元器件设计、生产、使用和管理要求，实现工程要求的有效传递，以确保在元器件研制和使用过程中贯彻这些要求。通过系统分析航天工程的需求，总结归纳航天多年来的保证经验，可以得出航天元器件产品标准的内涵如下：

1) 设计要求：设计是元器件生命周期的源头，从根本上决定着元器件的性能和可靠性。据统计，美国 DC/DC 变换器由于设计缺陷导致的失效占总失效数的 40%，我国航天型号多次出现故障的原因是选用了一些产品设计不成熟的新产品。为了避免在应用阶段出现类似的颠覆性后果，必须根据航天任务的要求，通过功能（辐射加固设计等）、结构（封装、外壳等）、材料（引线、涂覆、释气等）、工艺（键合、钝化等）及评价试验（结构分析等）等方面的设计，挖掘和确定产品潜在的隐患和薄弱环节，采取预防和改进措施，确保航天元器件在抗辐照、电磁兼容、极限应力（热学、电学、力学等）、抗静电等方面满足要求。

2) 生产过程控制要求：生产过程控制是为了保证元器件产品在实现过程中能够达到设计赋予的性能与可靠性。目前我国在元器件生产过程控制方面还存在很多问题，批次性质量问题时有发生，给工程型号带来了极大的风险。因此，必须从文件（PID、质量手册、产品保证大纲等）、可追溯性（文件追溯、保存期限）、技术状态（批准、更改等）、原材料和外购件（合格供应商管理、贮存、超期复验等）、外协方（外协单位资质审查、外协控制）、关键或特殊工序（设备精度、过程监控等）等方面加强控制，并通过 SPC（统计过程控制）、PCM（过程监测）、监制验收、筛选、质量认证、质量一致性检验等方法，来评价过程控制的效果和产品的水平，减少材料和工艺方法的各种缺陷，确保工艺稳定和质量一致性，保证产品性能指标和可靠性满足航天工程的需要。

3) 航天特殊要求：为了确保航天元器件具有特殊环境适应性，在设计、生产、试验等过程中需要加入很多航天的特殊要求。例如，为了满足长期贮存可靠性，必须对密封器件的内部气氛（水气、氢气、氧气）含量进行严格的控制；为了满足抗辐照要求，可以采用抗辐射材料、抗辐射多层金属化设计、表面钝化设计等措施；为了满足航天器舱外使用环境的要求，除了考虑温度变化的因素，还要考虑原子氧的因素，因此对元器件所用材料提出了更高的要求。

4) 航天用户单位的补充保证要求：航天用户单位的补充保证是在供应商保证的基础上，由于筛选等环节的试验项目、试验应力未达到型号的特殊要求，航天用户单位进行的补充筛选等保证工作。

5) 使用说明要求：对于供应商设计、生产的元器件，其各种性能曲线、实际的试验数据和推荐的线路设计、使用说明等供应商是最清楚的，必须通过使用说明书等将这些信息传递给航天用户单位，为航天用户单位正确选择和使用元器件提供依据。目前，由于元器件选用不当造成的元器件失效占元器件总失效数量的 20%，造成这种情况的相当重要的原因是型号设计师无法获得充分的元器件应用信息。

（2）建设统一的宇航元器件标准体系

为了规范宇航元器件的研制、保证和使用全过程，牵引国内元器件水平的提升，统一航天各院的采购规范，集团公司从 2008 年起在国家军用标准的基础上开展了宇航元器件标准体系的建设工作。目前已完成宇航元器件标准体系顶层设计，建立了覆盖宇航元器件全寿命周期要求、覆盖航天工程发展需要、具有自主知识产权的体系框架和明细表。在此体系框架指导下，完成了宇航元器件标准体系顶层设计和 422 项集成电路、分立器件采购规范的整合工作，并发布为集团公司标准，作为航天型号用元器件的采购依据，初步构建了宇航元器件标准设计、研制和验证技术平台。

宇航元器件质量设计为 YA、YB、YC 三个等级。具体设定要求如下：

1）YA 级：作为航天元器件最高质量水平，与国际接轨，以国家军用标准宇航级或失效率等级 8 级为基础。

2）YB 级：以满足航天器（卫星、飞船、空间站等）及新一代战略武器的需要为主，以国家军用标准 B 级或失效率等级 6 级为基础。

3）YC 级：以满足已有的战略武器及运载火箭的需要为主，以国家军用标准 B1 级或失效率等级 5 级为基础。

YA 级的基础为：

1）单片半导体集成电路：GJB 597 规定的 S 级；

2）混合半导体集成电路：在现行有效的国家军用标准认证合格生产线上生产，满足 GJB2438 规定的 K 级；

3）半导体分立器件：GJB 33 规定的 JY 级；

4）有可靠性指标要求的元器件：失效率等级为 S 级。

YB 级的基础为：

1）单片半导体集成电路：GJB 597 规定的 B 级；

2）混合半导体集成电路：在现行有效的国家军用标准认证合格生产线上生产，满足 GJB2438 规定的 H 级；

3）半导体分立器件：GJB 33 规定的 JCT 级；

4）有可靠性指标要求的电阻器、电容器和电感器：失效率等级为 R 级以上；

5）有可靠性指标要求的继电器：失效率等级为 M 级以上。

YC 级的基础为：

1）单片半导体集成电路：GJB 597 规定的 B1 级；

2）混合半导体集成电路：在现行有效的国家军用标准认证合格生产线上生产的 H 级；

3）半导体分立器件：GJB 33 规定的 JT 级；

4）有可靠性指标要求的电阻器、电容器和电感器：失效率等级为 M 级。

5.2.3　航天材料产品标准的要求

（1）航天材料产品标准的内涵

航天材料产品标准主要规定航天材料的性能要求、质量检验要求及包装、运输与贮存要求，是航天材料研制、生产、检验、验收和使用的重要依据，承担着为航天型号科研生产和军工核心能力建设提供基础技术保障的重要职责，对于保障航天工程的顺利实施具有重要的支撑作用。通过系统分析航天工程对材料的需求，总结归纳航天多年来的材料保证经验，可以得出航天材料产品标准的内涵如下：

1）性能要求：一般包括材料的状态、物理性能、化学性能、常温力学性能、环境适应性、工艺性能、微观组织、外形、尺寸、质量等，对于使用环境特殊的航天材料，还需要规定材料的空间性能，如高低温力学性能、抗菌防霉性能、抗辐照性能、出放气性能等。

2）质量检验要求：主要规定航天材料检验与验收的要求，包括检验分类（定型检验、鉴定检验、质量一致性检验、包装检验等）、检验条件、抽样方案、判定规则、检验方法等。鉴于航天型号的高可靠性要求，相比普通用途的材料，航天材料的质量检验要求更为严格。

3）包装、运输与贮存要求：主要规定航天材料的防护与包装、运输、贮存、标志与标识等要求，此外，对于订货文件清单等要求也需在材料产品标准中进行规定。科学合理的包装、运输与贮存要求对于保证航天材料的及时交付和性能稳定具有重要意义。

（2）航天材料产品标准的分类

按照材料的类别，航天材料产品标准分为金属材料标准、非金属材料标准和复合材料标准。

①金属材料标准

航天金属材料标准的要求如下：

1）从标准级别来看，对于碳素结构钢、合金结构钢、碳素工具钢、一般工业用铝及铝合金、铸造铝合金等通用材料，一般使用国家标准，也使用冶金、有色等其他行业标准；对于超高强度钢、不锈钢、铝合金和高温合金等高性能金属材料，一般使用国家军用标准。

2）从性能要求来看，主要包括材料的牌号及代号、规格、供应状态、化学成分、冶炼方法、物理性能、力学性能、工艺性能、电磁性能、耐腐蚀性能、微观组织（如晶粒度、夹杂物、断口等）、外观、质量等级及无损检测等。

②非金属材料标准

航天非金属材料标准的要求如下：

1）从标准级别来看，对于工业用橡胶板、软聚氯乙烯管、通用聚氯乙烯树脂、工业用苯乙烯、化学试剂及温石棉等通用材料，一般使用国家标准；对于其他非金属材料，一般使用化工、机械、纺织及建材等行业标准，也大量使用生产单位的企业标准。

2）从性能要求来看，主要包括材料的牌号、外观、物理性能、化学性能、力学性能、电磁性能、老化性能、耐介质性能、抗老化性能、微观组织及无损检测等。

③复合材料标准

航天复合材料标准的要求如下：

1）从标准级别来看，对于已在航天型号得到成熟应用的复合材料，主要使用国家军用标准，对于成熟度还不够高、还没有得到航天型号应用的新研材料，一般使用企业标准。

2）从性能要求来看，主要包括原材料、外观、物理性能、化学性能、力学性能及无损检测等。

（3）构建统一的航天材料产品标准体系

为了规范航天型号用材料全寿命周期的保证工作，提高航天材料的应用可靠性，在国防科工局相关课题的支持下，集团公司组织开展了航天材料产品标准体系的预先研究，摸清了现有航天材料产品标准的现状，提出了航天材料产品标准的体系框架和明细表。后续，集团公司将紧密围绕航天重大工程对材料标准的需求，在已有研究工作的基础上，重点开展两方面工作：一是组织对现有航天材料产品标准进行系统梳理，编制航天材料产品标准的分类目录，对同一对象对应的不同标准进行评估和整合，确保标准的唯一、防歧义、防差错；二是加强航天材料产品标准的顶层策划与设计，加快新材料标准的制定，推动航天材料产品标准与我国航天工业基础和技术体系的衔接，构建系统、完整、协调、统一的航天材料产品标准体系。

5.2.4 航天紧固件产品标准的要求

（1）航天紧固件产品标准的内涵

航天紧固件产品标准主要规定航天紧固件的材料要求、尺寸和外观要求、制造要求、机械性能要求、冶金特性要求、质量检验要求及包装、运输与贮存等要求，是开展航天紧固件选用、生产、检验、采购、验收和使用等工作的技术依据，为最终确保型号结构连接的质量发挥了重要作用。通过系统分析航天紧固件标准的特点，结合航天型号对紧固件的需求，可归纳出航天紧固件产品标准的内涵如下：

1）材料要求：对紧固件所采用的原材料进行规定，如碳钢、不锈钢、钛合金、高温合金等。

2）尺寸和外观要求：具体的尺寸按照产品图样的规定，对于螺纹、形位公差等重要尺寸均有明确的规定。

3）制造要求：包括镦制、热处理、机械加工、关键部位成型及表面处理等紧固件制造过程的规定。

4）机械性能要求：包括抗拉、抗剪、硬度、锁紧及抗振等力学性能，对于 MJ 螺纹紧固件还有抗疲劳性能。

5）冶金特性要求：包括晶粒流线、显微组织、过热、表面污染及不连续性等规定。

6）质量检验要求：主要规定航天紧固件检验与验收的要求，包括检验分类（鉴定检验和质量一致性检验）、检验条件、抽样方案、判定规则及检验方法等。鉴于航天型号的高可靠性要求，相比一般用途紧固件，航天紧固件的质量检验要求更为严格。

7）包装、运输与贮存要求：主要规定航天紧固件的包装、运输、贮存及标志与标识等要求。

（2）航天紧固件产品标准等级

从标准级别来看，螺栓螺钉、螺柱、螺母、铆钉、垫圈、挡圈及销等产品一般涉及国家标准、国家军用标准、行业标准和企业标准，企业标准多为特殊要求，之所以制定企业标准是因为目前国家标准、国家军用标准、行业标准中无相应材料、品种等。螺纹衬套、镶嵌件、组合件一般为国家标准、国家军用标准、行业标准。

5.3 量化的过程控制体系

型号物资供应商应按照精细化、量化的要求，对产品实现流程进行优化、再造和固化，建立设计、生产、试验及外购过程控制体系，提高产品实现过程的管控能力，实现质量零缺陷、交付零缺料的目标。

5.3.1 设计过程控制要求

以可靠性为中心进行产品设计。制定产品设计过程控制规范，至少应包括产品设计流程、流程节点要素、关键特性及控制措施、故障模式及控制措施。

5.3.1.1 以可靠性为中心的设计思想

物资是航天型号的重要组成部分，对于航天型号在极端苛刻严酷的使用环境中可靠工作起着不可或缺的作用，将航天型号物资的高可靠性、长寿命理念贯穿在其设计、制造、测试及可靠性试验的整个过程，从而确保航天型号物资的功能、性能和可靠性，这是航天型号物资有别于普通物资的关键所在。

因此，型号物资供应商应树立以产品可靠性为中心的设计思想，推动产品基于功能性能的设计向基于产品故障模式设计的转化。在产品设计时须同步进行可靠性设计，同时兼顾可靠性、安全性、维修性、保障性、环境适应性及技术继承性，以及经费、进度等各种因素，综合权衡，实现设计方案优化，达到方案正确、可行和合理的要求。

5.3.1.2 关键特性及控制措施

应在产品设计特性识别基础上确定产品的关键特性，对于每一项关键特性，均应明确产品在设计、生产、试验及验收过程的控制要求或措施，并确定产品中的关键件、重要件，规定强制检验要求。

对于不能直接获取测试或检验数据的设计特性，应向下分解至对应的工艺、生产或外购件的特性中，确保设计要求能够得到闭环落实。

5.3.1.3 故障模式及控制措施

分析产品的设计、材料、结构特点，对照相关标准，结合同类产品发生的质量问题及在设计过程中出现的反复，列举产品所有故障模式，采用故障树分析等方法，确定每一个故障的基本原因，提出相应的技术和管理准则，并采取相应的控制措施。

对产品所有故障模式进行排序，按照故障发生概率，确定重点采取的控制措施。

5.3.1.4 设计可靠性不高的典型案例

某单位在电装过程中发现其 J599 电连接器个别插孔存在接触件送到位卡不住的现象。

问题定位于设计图纸中未明确定位卡爪弯曲处圆角的要求，造成加工过程定位卡爪弯曲时形成褶痕裂纹，在后续用户使用过程中定位卡爪褶痕裂纹受应力作用进一步加剧，最终导致定位卡爪固定失效。如图5-1和图5-2所示。

图5-1　问题定位卡爪

图5-2　扫描电镜下故障件状态

警示：

1）设计图纸尺寸标注疏漏，设计、工艺审查把关不到位。在定位卡爪设计时，由于工作失误漏标定位卡爪根部弯曲位置的圆角尺寸，也未采取工艺预防措施。

2）工艺文件中检验方法要求不合理。缺乏特性零件成型的实际经验且未充分开展试验验证和工艺评审，以保证检验方法的可靠性。

5.3.2　生产与试验过程控制要求

在产品研制流程的基础上，确定产品工艺要求，规避禁限用工艺，梳理形成产品的生产流程与试验流程，应突出与设计流程的衔接，明确对应关系，特别是要细化设计与工艺相结合的工作项目，并确定关键工序、特种工序。

5.3.2.1　工艺要求

航天型号物资研制生产的工艺控制要求如下：

1）原则上禁止使用禁用工艺。

2）在一定条件下，采取严格的控制措施，并经验证后，允许使用限用工艺。若选用了限用工艺（技术条件或图纸中明确的工艺），应对选用限用工艺的必要性和可行性进行分析，编写专题分析报告，通过评审后方可使用。

3）涉及到使用环境条件的限用工艺（如：表面受摩擦的零件不宜镀镉，镀层不耐磨），应对能否满足产品功能、性能要求进行分析，必要时应增加检测手段或采取有效的防护措施，编写专题分析报告，并通过本单位质量部门组织的评审后方可使用。

4）对选用的限用工艺，应制定详细的限用工艺控制措施，经验证并通过本单位质量部门组织的评审。

5）对涉及到对禁（限）用工艺的新产品进行严格把关，审查中如发现需采用禁（限）用工艺生产的产品，需与航天用户单位协商，通过采取更换材料、调整结构及改变技术要求等措施，避免使用禁（限）用工艺。

6）因特殊情况，在生产过程中不得不临时采用禁用工艺时，供应商应编制分析报告，制定有效的质量控制措施，分析报告和质量控制措施通过本单位质量部门组织的评审，并报航天用户单位批准后，方可用于产品研制生产。

7）要加强外包、外协单位的禁（限）用工艺控制，对禁（限）用工艺控制应提出明确要求，供应商应对禁（限）用工艺控制措施进行评审，同时要结合产品验收等环节对禁（限）用工艺控制措施的落实情况进行监督检查。

5.3.2.2　禁（限）用工艺

禁用工艺是指在航天型号物资研制生产中严重污染环境、危害生产安全、不能保证产品质量，应淘汰或采用其他工艺方法替代的工艺。限用工艺是指在航天型号物资研制生产中，产品质量保证难度大或对环境保护有影响，但采取措施后，在一定条件下可以满足产品质量或使用要求的工艺。供应商应根据产品的特点，结合实际情况重点选择并制定本单位的禁（限）用工艺目录。主要参考如下文件：

1）集团公司 2013 年 9 月印发的《航天型号产品禁（限）用工艺目录》（包括《航天型号产品禁用工艺目录》和《航天型号产品限用工艺目录》）（见附录 F）。

2）GJB 4041—2000《航天用元器件质量控制要求》中明确不宜采用和可靠性可疑的工艺。

3）各类元器件的国家军用标准总规范明确规定不允许使用的工艺。

5.3.2.3　禁（限）用工艺控制不严格典型案例

集团公司禁（限）用清单明确要求进行铅锡焊接时，要首先去除镀 Au 层，即不允许出现铅锡直接与 Au 焊接的情况。某混合集成电路基板采用印刷 Au 导带和 Au 焊盘，内部电阻器等元件安装采用铅锡焊接方式。工艺设计上要求包括印刷 Au 导带在内的非焊接部位采用玻璃釉保护层覆盖，以防止铅锡焊料与 Au 导带接触，从而避免形成 $AuSn_4$ 等脆性化合物。

失效案例中，桥臂电阻器的焊盘玻璃釉保护介质有细微的对准偏差，导致电阻器焊盘引出端导带部分暴露，使焊料溢到该部分导带，导带的 Au 溶入铅锡焊料中，在 Au 和铅锡焊料界面附近形成质地较脆的金脆（$AuSn_4$ 等金属间化合物）和微孔洞，在温度循环中出现开路，导致电路功能失效。

警示：

对于禁（限）用工艺，要从根本上控制，而不能仅仅依靠工艺控制来避免问题发生，因为工艺操作的偏差往往是不可避免的。在失效混合电路的后续设计优化中，在需要焊接的部位采用 AgPa 焊盘，彻底避免此类问题的发生。如图 5-3 和图 5-4 所示。

图 5-3　桥臂电阻器的焊盘引出端导带

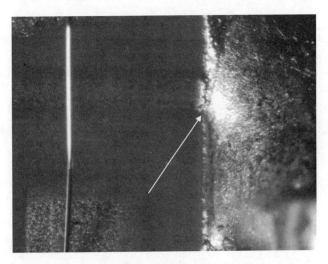

图 5-4　导带开裂形貌

5.3.2.4　生产过程控制规范编制要求

生产过程控制规范应包括产品生产流程、工艺规程、关键工序及控制要求。生产过程应合理设置检查、检验点，明确检验内容及要求，编制质量控制卡，记录产品生产过程的检测结果，对于关键和重要产品，应编号逐一记录。

关键工序应符合"三定"（定人员、定设备、定方法）要求，制定针对性的控制措施，并记录实测数据；对于无法检测的项目，应设置控制点，采取过程监测或其他旁证手段和方法保证产品质量，必要时，应进行拍照、摄像等多媒体记录。

确定特种工序所需的规范、设备、仪器、仪表、使用介质及工作环境，应按规定检定、检查，并记录实测数据。

对于产品质量无法检测，只能靠人员保障的环节，应实行双岗管理。

5.3.2.5 试验过程控制要求

根据产品研制流程，编制产品试验流程，确保与设计、生产过程和其他产品过程相对应，并衔接、闭环。

试验设备和量具应定期检定、校准。

试验环境应满足产品及生产试验过程对于温度、湿度、气氛及静电防护等方面的要求。

检验和检测记录应完整、清晰、正确及可追溯。

检验、试验人员资质应经本单位确认并持证上岗。

5.3.2.6 生产过程不受控的典型案例

某型号产品交付用户检验时，发现 45 号钢 M6 螺母螺纹旋向错误。问题定位于供应商将订货需求的左旋状态错误地转换为实际生产的右旋状态，导致整机交付进度推迟，如图 5-5 所示。

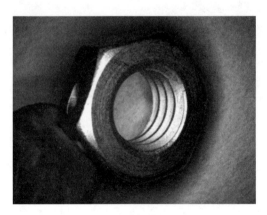

图 5-5 螺母照片

警示：

供应商应准确把握航天用户单位需求，并完整转化为生产、检验等过程的控制要求。

5.3.3 不合格品处理

应制定不合格品管理要求，包括不合格品识别、判定、审理、标识及处置规定。返修的产品需要重新进行检验并留有记录。让步放行的产品需办理让步放行手续并留有记录。

对于关键、重要特性超差的产品，原则上不允许使用，确需使用，应进行风险分析，采取措施，必要时，征得用户认可。

5.3.4 外购物资控制要求

供应商对于外购的零部件、原材料及外协的工序，应向下游供应商提出明确的质量控制要求，该要求与航天对于供应商及型号物资的要求一致，主要包括外购物资选用控制要求、可靠性要求、供应商管理要求、技术状态控制要求及外协工序控制要求等。

（1）外购物资选用控制要求

供应商在进行外购物资选用时，应按照标准化、通用化、系列化的原则优化选型，压缩品种，严格控制使用进口物资，实现关键物资百分之百自主可控。同时，应对选用外购物资的质量可靠性水平提出要求。如：二次集成元器件内部选用的元器件应满足航天用户单位要求，原则上不低于国家军用标准质量等级，否则，应经过充分的试验验证并经航天用户单位确认，不应选用塑封元器件、工业级元器件和低于"七专"质量等级的元器件；元器件禁止使用纯银、纯锡等金属材料，使用锡铅合金时，铅含量应大于 3％；混合微电路应避免使用不可评价的表面安装器件。

（2）外购物资可靠性要求

供应商应要求外购物资生产单位产品设计、工艺人员必须了解所选物资的特性，特别是性能参数及允许的使用环境，做好降额设计，失效模式、影响及危害度分析，容差设计及设计规范、工艺规范等方面工作。

（3）外购物资供应商管理要求

供应商应要求外购物资生产单位有健全的质量管理体系，有独立行使职能的质量管理部门、检验部门，应优先选用取得国家相关机构颁发的质量体系认证证书的单位的产品，并经评价后纳入合格供应商名录。从经销商或代理商采购的物资，还应对实际生产单位进行评价，评价合格后纳入供应商名录。

（4）外购物资技术状态控制要求

供应商应制定入厂检验要求，至少应明确检验方式、程序、抽样方法和接收、拒收判据等。外购物资状态变化时，供应商应要求外购物资生产单位在 5 个工作日内书面通知其状态变化的相关信息。

（5）外购物资外协工序控制要求

供应商应建立本单位外协工序合格承制方名录，并要求外协件的承制单位具备满足ISO9000 认证的质量保证体系和独立行使职权的检验系统。关键件、重要件外协，应由协作双方的工艺部门共同制定工艺规程，并进行重点质量控制。

5.3.5 批次管理及可追溯性要求

供应商应制定产品标识和批次管理制度，根据产品特点、技术条件及合同等要求确定批次管理的范围。供应商应具有从原材料入厂到成品出厂全过程的唯一性标识和完整记录，确保产品的可追溯性。

（1）批次管理

同一企业，按照相同的技术文件，在生产条件稳定的状态下，一次投入或产出的一定数量产品，称为同一批（生产批）产品。批次管理指产品按照批次投料、加工、转工、检验和试验、装配、贮存、包装和交付并做出相应标识的一系列活动。

航天型号物资产品在生产过程中要求严格按批次进行管理，通过批次管理实现产品从原材料进厂到成品出厂全过程的"五清六分批"（五清：批次清、质量状况清、原始记录清、数量清、炉（批）号清；六分批：分批投料、分批加工、分批转工、分批入库、分批装配、分批出厂），确保产品在生产过程中工序不漏、数量不差、零件不混。

航天型号物资产品的批次管理要求包括：凭证批次管理、外购器材批次管理、加工批次管理、装配批次管理、检验批次管理、保管批次管理、交验批次管理和包装、运输、贮存批次管理。批次管理的详细要求见 GJB 1330—91《军工产品批次管理的质量控制要求》。

（2）可追溯性要求

可追溯性指追溯所考虑对象的历史、应用情况或所处场所的能力。就航天型号物资产品而言，可追溯性涉及：1）原材料和零部件的来源；2）加工过程的历史；3）产品交付后的分布和场所。

可追溯性要求指构成产品的原材料或最终产品的来源、位置、用途有据可查，当某一原材料或产品出现质量问题时，能够利用标识定位到使用了该材料的产品和问题产品涉及的范围。具体要求包括：

1）供应商应根据有关法规、标准的要求和产品的特点以及合同或技术协议的规定，进行产品可追溯性需求分析，并在设计文件或工艺文件中规定产品应具有可追溯性的项目、追溯的范围与时间期限。

2）对规定有可追溯性要求的产品，供应商应按规定制作每一件或每一批的唯一性标识，并作好记录、加以保存。

3）对与可追溯性要求有关的记录，应按投产批次分批保存，其保存期限应与产品的寿命周期相适应。

4）对实行批次管理的产品，供应商应按批次建立随件流转卡，详细记录投料、加工、装配、交付过程中投入产出的数量、质量状况及操作者和检验者。在批次管理中，产品的批次标识可作为进行追溯时的标识。

航天型号物资产品可追溯性详细要求见《产品标识和可追溯性要求》（GJB 726A—2004）。

5.3.6　技术状态管理要求

航天工程产品组成复杂，任何元器件、原材料等物资的技术状态发生变化，都可能引起航天产品系统间不匹配或性能下降，对航天型号任务的成功带来隐患和风险。如：某供应商更换了管壳的封装材料，因封装材料存在气孔缺陷造成封装过程中产生金属多余物，虽然粒子碰撞噪声检测（PIND）试验淘汰率出现异常增加，从1％增加到3％左右，但该问题未得到该供应商的充分重视，也未就封装材料变更进行充分的分析、验证，导致航天用户单位使用过程中出现批次性质量问题，航天型号研制进度受到严重影响。因而关注任何技术状态的变化是航天型号用物资的控制要点。对于新技术、新材料、新工艺、新状态、新环境、新单位、新岗位、新人员及新设备（简称九新）等变化要高度重视，识别技术、产品的不确定环节和影响质量的关键因素，制定规避和控制风险的针对性措施和预案。

5.3.6.1　基本内容

航天产品技术状态是指在技术文件中规定的并且在产品中达到的功能特性和物理特性。功能特性是指产品的性能指标、设计约束条件和使用保障要求，包括诸如性能参数及可靠性、安全性和维修性等要求。物理特性是指产品的形体特性，如组成、尺寸、表面状态、形状、公差及质量等，又称之为实体特性。

为准确、全面地描述产品当前的技术状态，反映产品满足功能特性和物理特性要求的状况，供应商应使这些状况和要求都形成技术状态文件，并确保参与研制生产工作的所有人员在产品研制、生产过程中随时都能够正确和准确地使用这些文件。而且供应商应对航天产品实施技术状态管理，即用技术的和行政的方法对产品的技术状态实施指导、控制和监督，确保产品全生命周期的技术状态清晰且可追溯。具体可参照质量管理体系文件及《技术状态管理》（GJB 3206A－2010），制定产品技术状态管理制度，建立技术状态控制基线。

5.3.6.2　原则和程序

对于影响产品性能、接口和可靠性的技术状态更改，必须进行充分的理论分析和试验验证，并经航天用户单位认可。必要时应按照产品技术标准及航天用户单位要求进行重新鉴定和设计、工艺定型评审，并邀请航天用户单位相关人员参加。航天型号物资应按"论证充分、各方认可、试验验证、审批完备、落实到位"五项原则实施技术状态更改，供应商应明确技术状态更改审批流程，确保技术更改正确、合理、协调及可追溯。

（1）"论证充分"的基本要求

在提出更改建议（申请）前，供应商应对更改的必要性、正确性、可行性及更改带来的影响进行全面、系统的论证。论证的主要内容包括：是否应进行设计更改才能满足预期的性能指标要求和（或）使用要求，或者对此有明显的改善；提出的更改，技术上是否合理，更改方案是否稳妥，工程上是否可行；更改对产品的可靠性、安全性、互换性、维修性、可测试性、电磁兼容性及接口的影响；更改对合同、进度及经费等的影响；更改对与其相关的其他项目及文件的影响；更改对生产、工艺、检验及试验工作的影响等。

（2）"各方认可"的基本要求

更改所涉及的各相关单位（部门）应对更改的必要性及更改方案的可行性有清楚的认识并形成共识。各相关单位指所涉及的更改任务提出单位、航天用户单位及供应商的设计部门、生产部门和试验部门等。

"各方认可"可通过协调、会签和评审等方式进行，在权衡利弊、深入分析更改带来的影响和产品实现的可行性的基础上，对更改方案进行认可。

"各方认可"过程和结果应形成书面记录，应重点记录形成共识过程中的分歧意见的处理情况，认可结果或结论。认可各方应在相应的文件上签字以示认可。

（3）"试验验证"的基本要求

应以试验等方式来证实更改方案的正确性、可行性及有效性。

试验验证可通过试验、分析及仿真等方式进行，对需要进行技术状态更改的项目，均应创造条件采取适当的方法进行充分的验证。验证方法的选取应考虑：验证要求，验证方法的合理性、正确性和结果的有效性，资源（如经费）的许可情况，以及风险、进度。

（4）"审批完备"的基本要求

对所有涉及更改的技术状态文件，均应按规定的职责和程序完成审查和批准，并签署完整。更改涉及的技术状态文件包括对更改的必要性进行评审协调形成的文件、提出的更改文件（如工程更改建议或申请、更改单、技术通知单及超差单等）及更改所涉及的技术文件。

（5）"落实到位"的基本要求

对已批准的技术状态更改要求，各相关单位（部门）应贯彻执行、落到实处。落实到位包含文件更改到位、产品实现到位和落实情况监测到位等。

文件更改到位：实施更改时，设计部门应充分考虑更改对相关文件的影响，对相关文件同时提出更改要求。文件更改者应严格按照更改单的要求对相关文件实施更改，确保更改文件的完整、正确，严防文件的漏改、错改，做到"文文"一致。

产品实现到位：产品实现到位包括在制品和已制品。供应商应按更改后的设计文件的要求组织生产，当设计更改导致工艺、工装发生变更时，应按规定的程序更改相应的工艺文件和工艺装备，以满足设计更改的需求。

落实情况监测到位：对实施更改的产品，供应商应严格执行自检、互检和专检制度，必要时实施首件检验或鉴定，对制成品满足更改文件的要求进行检查，对执行过程中发现的问题及时通知有关部门，实现文实相符，确保更改落实到位。

5.3.6.3　技术状态管理不受控的典型案例

航天用户单位向某继电器供应商提出在其生产的某标准型继电器基础上提高抗振动能力的附加条件。供应商的解决措施为：加大继电器内部衔铁与轭铁之间的保持力，即通过调整充磁量和密合度，增加衔铁与轭铁之间的保持力，保持力增加后，该型号继电器的动作（保持、复归）电压由 $8 \sim 16$ V 提升至 $16 \sim 19$ V。此更改导致了继电器初始吸反力差小于更改前的标准型继电器，而在其他方面供应商没有进行充分的验证，尤其是在工艺水平没有提高的基础上，出现了由于继电器转动小轴转角加工精度的离散，导致摩擦力大，在较小的吸反力差下造成了继电器转轴卡滞，正常加电情况继电器不动作。如图 5-6～图 5-8 所示。

图 5-6   继电器内部结构形貌

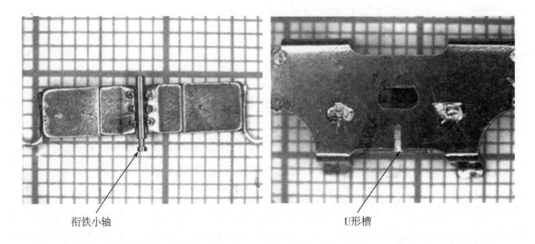

衔铁小轴   U形槽

图 5-7   衔铁小轴与 U 形槽形貌照片

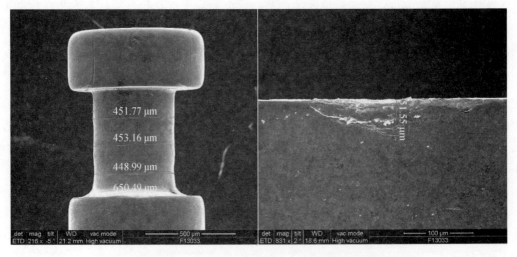

图 5-8   失效继电器衔铁小轴圆角与 U 形槽磨损痕迹尺寸照片

警示：

航天工程产品组成复杂，任何元器件、原材料技术状态发生更改，都可能引起产品各项指标的变化，或引起航天产品系统间性能下降或不匹配，对航天型号任务的成功带来隐患和风险。技术状态更改必须遵循"论证充分、各方认可、试验验证、审批完备、落实到位"五项原则。

5.3.7　其他要求

5.3.7.1　多余物控制

多余物的问题需要系统治理，也就是从设计、工艺、生产及检验等过程对多余物采取控制措施，可参考《航天产品多余物预防与控制》（QJ2850A—2011）。

（1）设计

在产品设计阶段，应梳理多余物的种类和形成特点，梳理易产生多余物的零件、组件、部件及成品结构，避免尖角、窄缝及死角，在设计上防范多余物。

1）应积累防范多余物的设计准则，并遵循设计准则开展可靠性设计，同时，设计者应对生产条件、环境提出要求。

2）在连接、配合部位，例如螺纹连接，避免使用硬度偏差较大的材料，产生切屑，形成多余物，并对生产过程提出多余物控制要求。

3）相对运动的部件应避免锐边、咬边和毛刺等，以免划伤其他部件表面或因毛刺脱落产生多余物。

4）对引线焊点等易损伤部位采取保护措施，避免其在运输和使用过程中出现损伤，形成多余物。

5）设计结构应不易产生多余物或隐藏多余物后容易检查和排除，对可能产生多余物、但不能改进的设计结构，必须制定可靠的排除措施或采取专门的检查、控制措施，如设计观测孔和检测窗口。

（2）工艺

工艺人员编制工艺文件时，应根据产品特点，规定控制多余物的方法及检验要求，对有可能产生多余物的工序，应编制预防、清除和检验多余物的细则，规定明确的清除方法和检查要求。

1）工艺文件中明确去除毛刺等多余物的专用刀、夹具及操作方法和要求。规定多余物的检验工序，明确所有必要的检查点，并提出检验要求。

2）对待装配零、部、组件进行检查，工艺文件中应明确不允许有毛刺、尖角，表面涂层不应锈蚀、掉漆、脱皮等要求。装配前应清洗干净，焊后应将助焊剂清洗干净。

（3）生产

零、部、组件的生产要遵守控制多余物的具体规定。报废的零部件、工艺件，选配余下的零件，协调用的样件等，要及时回收，经检验人员核实，隔离保管，报废的零部件由检验人员特殊标记。

1）生产区域定置管理，避免与装配无关的物品出现在装配现场，并有洁净度要求。

2）建立岗位责任制，明确操作人员、检验人员的多余物控制要求。

3）完善机加过程中的首尾件和中间件的检测要求，明确首件、尾件的检测要求，明确中间件的检测频次，以及发现机加工异常后的处理要求。

4）完善作业指导书，明确产品装配前、装配完成后，对零部件和产品的检查要求。

5）对产品内部的非金属导电部件，规定毛刺接收判定标准，并进行检查，防止形成导电多余物。

6）零件装配后应进行吹除处理。

（4）检验

1）检验人员应对生产、操作过程中是否严格执行设计文件、工艺文件及文明生产制度进行监督。

2）每项主要装配阶段完成时，应进行多余物检查，成品检验时应对零件的盲孔、相交孔、沟槽、缝隙处按工艺文件要求仔细检查。

3）对检验过程中发现的多余物，记载、分析、处理材料要清晰、完整，妥善保管并及时归档。

5.3.7.2　静电防护

静电放电对某些静电敏感器件（如集成电路、声表面波器件、MOS 场效应晶体管、电荷耦合器件等）会产生极大危害。生产静电敏感电子产品（电子元器件、组件和设备）的供应商必须从产品的生产、试验和保管等多个环节全面考虑，尽可能消除或减小静电放电对产品的影响，提高产品的可靠性。

（1）静电防护管理要求

供应商要结合自身实际情况，建立或完善静电防护管理体系。建立静电防护管理组织机构和队伍，明确职责和权限。编制静电防护管理体系文件或控制大纲，制定切实可行的静电防护管理目标，开展静电放电危害的风险识别与分析工作，确定防护重点，针对性采取防护措施与应对措施，确保体系有效运行并持续改进。静电防护管理体系详细要求见《航天电子产品静电防护管理体系要求》（Q/QJA 118—2013）。

（2）静电防护基本要求

供应商应按《微电子器件试验方法和程序》（GJB 548B—2005）对生产的元器件进行静电放电敏感度识别和分级。供应商对航天电子产品（电子元器件、组件和设备）进行静电防护的接地/等电位连接系统、人员接地、工具和设备接地、防静电工作区、包装、标识和人身安全等方面的技术要求应满足《航天电子产品静电防护技术要求》（Q/QJA 119—2013）的规定。

供应商应按表 5-1《元器件生产单位静电放电防护情况点检表》规定的内容进行周期性自查，确保静电防护现场和设施满足要求。

表 5 - 1　元器件生产单位静电放电防护情况点检表

检查项目		检查标准或要求	点检确认		备注
			符合要求	不符合要求	
工作台、垫	每月检查对接地情况	通过焊接或铆接可靠接地			
	每年测试对地电阻	$1\times10^5\sim1\times10^9$ Ω			
地板、地垫	每月检查接地连接情况	接地良好			
	每年检查对地电阻	$1\times10^4\sim1\times10^9$ Ω			
防静电服	每天检查个人着装情况	符合要求			
	每月检查点对点电阻或对地电阻	$1\times10^5\sim1\times10^{10}$ Ω			
连续静电监测仪（如配置）	每天检查工作状况	按生产厂规定			
	每年检查技术性能	按生产厂规定			
静电接地系统	每月检查连续性、完整性	每个静电防护设备、设施、插座均独立接地			
	每月检查公共接地点对电源保护地电阻	具备资质第三方出具的检测报告			
	每年检查交流设备导体阻抗	具备资质第三方出具的检测报告			
	每年检查专用地线接地电阻	具备资质第三方出具的检测报告			
每次使用腕带时检查对地连接情况		$7.5\times10^5\sim3.5\times10^7$ Ω			
进入防静电工作区（EPA）时每次检查穿着鞋、袜情况下人体对地连接情况		$7.5\times10^5\sim3.5\times10^7$ Ω			
每半年检查工作凳、椅对地电阻		$1\times10^5\sim1\times10^9$ Ω			
每年检查离子风机性能		具备资质第三方出具的检测报告			
每半年检查移动设备(手推车、搬运车、吊车等)表面对地电阻		$1\times10^5\sim1\times10^9$ Ω			
每年检查周转容器表面点对点电阻		$1\times10^3\sim1\times10^{10}$ Ω			
每次交付产品时检查防静电屏蔽包装		$1\times10^3\sim1\times10^{10}$ Ω			
每年检查储存架对地电阻		$1\times10^5\sim1\times10^9$ Ω			
连续或每日定时记录防静电工作区环境温度、相对湿度		温度 16~28 ℃ 湿度 30%~70%			
防静电工作区静电源现场管理		无纸制品、塑料制品等绝缘物品			

（3）静电损伤的典型案例

某型微波单片放大器在装机调试加电源时无输出，经失效分析，该电路内部 1 只电容击穿、1 只电阻烧毁，如图 5-9 所示。这些失效部位均接近端口，具有静电放电损伤的特征。因此，可以初步推断由于静电放电造成了电路的端口失效。

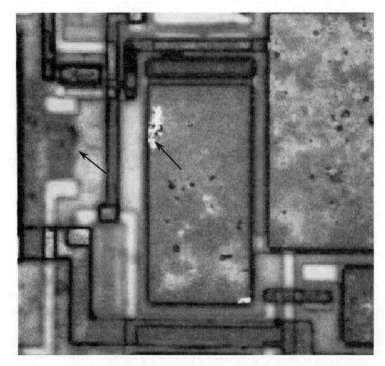

图 5 - 9　电容击穿和电阻烧毁形貌

警示：

元器件生产单位要加强元器件制造、封装、测试、组装及运输等环境的静电放电防护，减少静电来源。在大规模集成电路生产中要建立一整套静电防护体系。其中最基本的防护措施包括抗静电包装材料的使用或者使用空气电离器中和电荷；操作人员要佩带防静电腕带，脚、趾带箍，穿着防静电工作服及防静电鞋、袜，使用运送单个晶圆的隔离包；在工厂中设立静电保护区，在该区内配备防静电地板、工作台和良好的接地引线，防静电工作区内的所有人员、材料及工作面需连接到公共地以确保电位相等。

5.3.7.3　质量与可靠性数据包要求

（1）数据包定义

航天型号物资质量与可靠性数据包是指产品在设计、生产、试验、质保及交付等环节中形成的有关质量与可靠性的各类文件、记录等信息的集合。航天型号物资质量与可靠性数据包既是产品形成过程的客观记录，也是产品质量与可靠性水平的客观证实和航天用户单位接收产品的重要依据。

（2）一般要求

1）数据包项目和内容应具有系统性、完整性，需涵盖产品在设计、制造、测试、试验、检验、返工及返修等工作环节中形成的文档、记录（含照片、录像）等各类信息，数据包的项目及其内容要充分反映产品研制生产过程的质量控制情况。

2）供应商应根据产品特点结合实际需求建立相应的产品数据包清单，在建立清单时应同时综合考虑不同用户要求，确保可靠性数据包工作策划到位、清单内容全面、过程控制严格及记录完整准确。

3）供应商应重点围绕产品基础数据、关键特性数据、产品功能性能数据，记录并反映产品的最终状态和产品实现的主要控制项目。产品基础数据主要包括构成产品的原材料、元器件、成品件等基础材料的相关信息，产品功能性能数据主要包括反映产品最终状态的功能性能的相关信息。

（3）数据包内容

数据包一般包含以下内容。

1）设计文件汇总表或明细表、配套元器件原材料清单、设计任务书、技术条件、技术说明书、设计更改和偏离等设计文件。

2）工艺文件目录、产品工艺方案、关键工序明细表、新工艺的鉴定证书、工艺更改、工艺规程等工艺文件。

3）制造、组装、调试、测试和试验等文档和记录。

4）进货检验、工序检验、最终产品检验、验收等文档和记录，包括关键环节和强制检验点留存的反映产品实际状态的数码照片或录像。

5）不合格审理单及汇总表，归零报告，返工、返修过程中形成的质量与可靠性信息。

6）各类评审、审查的文档及提出的待办事项在落实过程中形成的与产品相关的文档。

7）软件（如涉及）的有关质量与可靠性文档。

（4）管理要求

1）数据包文档应纳入技术档案管理系统进行管理，按相关规定及时存档和流转，文档的保存条件和存档期限应符合相关要求。

2）数据包文档在数据包生成单位存档，数据包涉及的文档原则上应打包集中存放，以利于提取和查阅。对于因某种原因不能打包集中存放的文档，需在明细表中明确存放地点。

3）交付用户的数据包管理应符合数据包生成单位的知识产权规定及相关保密管理规定。

4）数据包的载体可以是纸质文档、电子文档或影像资料。供应商应充分利用计算机和网络等信息化手段，逐步实现数据包的电子化。

5）供应商要对产品实现过程所获得的数据进行系统分析、综合利用，不断提升产品的成熟度。

5.4　质量问题归零与举一反三

5.4.1　一般要求

供应商对型号物资在生产、试验、交付过程中发生的固有质量问题，应按航天用户单位要求开展质量问题归零工作，从技术上、管理上分析产生的原因、机理，并采取纠正措施、预防措施，避免问题重复发生。

5.4.2　归零程序

1）供应商在收到航天用户单位关于型号物资质量问题的反馈后，应立即组织技术、管理人员携带产品技术资料、检测设备赴现场配合航天用户单位对故障现象进行确认，并配合失效分析机构开展失效分析工作。失效分析应在航天用户单位指定的失效分析机构进行。经失效分析认定为型号物资固有质量问题后，供应商应制定质量问题归零工作实施计划，给予足够的资源保障，保证归零工作顺利开展，并按双方协商日期完成归零。

2）供应商根据失效分析结论，运用 FTA 分析（故障树分析）、因果图等工具，枚举、梳理所有可能导致问题的底事件并逐一排查确认，通过理论分析和试验确定问题原因并进行问题复现。技术分析、问题复现试验均应编写试验程序文件，按文件要求进行试验，做好记录，形成试验分析报告。

3）供应商应针对问题原因制定归零（整改）措施，并对措施的可行性进行试验验证，编写试验程序文件、做好原始记录、形成试验分析报告。

4）供应商应按"定位准确、机理清楚、问题复现、措施有效、举一反三"的 5 条要求逐项落实，并形成技术归零报告。

5）供应商在开展技术归零工作的同时，对于需要管理归零的问题，应按"过程清楚、责任明确、措施落实、严肃处理、完善规章"的 5 条要求开展管理归零工作并完成管理归零报告，且由供应商第一责任人签署。对于不需要管理归零的问题，要根据技术问题产生的部位、过程，分析相应的管理流程中的漏洞及原因，并以管理因素分析的独立模块体现在技术归零报告中。

6）在参加航天用户单位组织的归零评审前，供应商应做好内部审查确认工作。重点关注措施的针对性、有效性及举一反三的范围和必要性，确保归零措施充分、适宜，避免归零工作出现重大反复。

5.4.3　质量问题归零报告编写要求

5.4.3.1　技术归零报告内容要求

1）问题概述：发生问题产品的名称、型号规格、批次、质量等级，问题现象的描述。

2）问题定位：定位的过程，即如何层层分析、分解到质量问题发生的部位，运用 FTA 分析（故障树分析）、因果图等工具，枚举、梳理所有可能导致问题的底事件并逐一审查确认。定位的依据，即机理分析的记录或试验结果等。定位的结果，即确定某一部位、元器件、原材料或特定接口出现问题。问题的原因，分析可能涉及的设计、工艺、操作、管理、器材、软件、设备及环境等原因，包含责任部门、责任人。

3）机理分析：包括分析工作的步骤和方法，分析结果（理论分析和试验验证结果），难以确定时应把几种结果都加以说明。

4）问题复现：为验证定位的准确性和机理分析的正确性，所进行的模拟试验情况，复现分析结果。无法或无需进行模拟试验的，应说明原因，并给出理论分析的结果。

5）采取的措施及验证：包含纠正措施确认、计划制定、有效实施、跟踪验证及在产品上的落实情况。

6）举一反三：包含举一反三工作检查情况及经验教训。

7）结论：是否归零的结论意见。

5.4.3.2　管理归零报告内容要求

1）过程概述：质量问题发生的时间、地点、产品的技术状态、问题现象及发展的全过程；

2）原因分析：按管理环节和职责，分析管理上的原因，明确有关人员和部门的责任；

3）措施及落实情况：采取的纠正措施及措施落实情况；

4）处理情况：对责任部门和责任人的处理结果及文字依据；

5）完善规章情况：涉及本单位哪些规章制度要进一步完善或建立，是否落实，未落实的应有明确要求；

6）结论：是否归零的结论意见；

7）管理归零的证明资料清单：包含技术归零报告名称及编号、归零评审结论、落实性文件、修订的规章制度名称和编号、奖惩文件名称和编号。

5.4.4　交付前质量问题

对于产品交付前发生的质量问题，供应商须参照航天产品质量问题归零要求开展相关工作，问题处理结果须通报航天用户单位。

5.4.5　快速反应

供应商接收到航天用户单位有关质量问题的反馈后，应立即开展相关复查工作。复查一般包括：供货情况、库存情况、产品检验试验情况。

5.4.6　质量问题分析

供应商应建立质量问题案例库，对发生问题的因素进行统计分析，定期形成案例汇编和分析报告。利用案例汇编和分析报告针对技术、管理人员开展教育培训，结合分析梳理出的共性问题和原因，强化管理，投入资源开展技术研究和设备引进工作，持续提升质量管控水平。

5.5　质量责任追究制

贯彻落实质量责任终身追究制，要求航天型号物资质量责任实行责任人员终身追究制度，只要认定对物资质量问题负有责任，不论时间变化、岗位变化、职位变化，都要追究其质量责任。落实质量责任的考核和追究，制定本单位质量责任追究考核办法，建立健全各部门、各岗位、各类人员的质量责任制，逐级分解质量责任，并严格监督和考核，确保质量责任落实到人。出现质量损失的单位要承担经济赔偿责任，对责任人员进行处罚。对于触犯法律的，依法由国家有关司法机关追究责任人员的法律责任。

第6章 航天型号物资供应商信息化要求

航天型号物资供应商信息化是指在航天型号物资供应商内部开展的、与航天型号物资配套业务相关的信息化建设与应用工作。本章就航天型号物资供应商信息化的建设要求及主要建设内容进行了分别阐述。

6.1 航天型号物资供应商信息化的建设要求

型号物资供应商信息服务能力是型号物资供应商信息化水平的重要体现，也是航天型号配套能力的重要组成部分。从航天型号工作来看，供应商提供的不仅仅是产品本身。在选用阶段，供应商提供准确、可靠的产品设计模型、技术文件、结构化参数、应用范例等信息不仅可以提高设计师选用工作的效率，还能避免因选用不当而引发的质量问题；在采购过程中提供电子化报价服务、合同及其生产进度执行情况信息，可以提高采购工作效率，减少因供货进度而带来的科研生产计划临时调整；在生产过程中共享监制、验收及产品检验和复验信息，能够提升产品质量控制能力；物流环节的信息共享可以提高供应链综合效率；质量问题信息及时共享能够最大程度避免质量损失。所以，型号物资供应商提高自身信息服务能力，是改善供应商配套能力的重要手段。航天型号物资供应商信息化的建设要求主要包括如下内容。

6.1.1 保证信息的规范性和准确性

供应商使用的、为航天型号配套的信息系统应满足航天物资信息的相关标准，包括航天物资编码标准、电子文件标准、设计模型标准、结构化参数标准、业务信息标准及供应商信息系统接口规范标准。供应商信息系统在满足规范性的基础上，要做到相关信息定义准确、数据准确。

6.1.2 产品质量信息完整全面

作为航天型号产品的重要组成部分，型号物资相关的信息必须具备精细、完整、可追溯的特性。航天型号物资供应商有责任和义务在本单位内部建立覆盖研制、工艺、生产加工及供应链等产品全生命周期各个环节信息的产品质量数据库，确保产品数据包能够真正反映产品形成过程中所有关键指标。相关系统建设无需为集团公司独立建设，但应能满足集团公司相关信息规范及信息接口要求。

6.1.3 能够与航天型号物资保证信息平台进行信息交换

为适应型号任务新常态要求，集团公司在航天型号物资信息化方面已经完成了航天型号物资保证信息平台的建设并在各级单位得到应用。在信息标准与信息服务方面，完成了型号物资编码管理、型号物资供应商管理、选用目录管理、配套数据库管理的建设；在科研任务控制方面，完成了设计选用管理、采购管理、仓储管理、供应管理、装机清单管理及新型物资管理的建设；在质量检测及应用验证方面，完成了元器件、原材料检测管理、失效分析管理、应用验证管理及质量问题举一反三管理的建设。

航天供应商在建立信息系统基础上，应能够实现与航天物资信息保证平台进行以下信息集成与业务协同：产品编码、技术资料、销售合同、监制验收、产品发货、质量问题举一反三及产品数据包等。

6.2　航天型号物资供应商信息化的主要建设内容

航天型号任务已经由单一研制转入研制和批产并行的新常态，配套任务越来越紧迫，对型号物资管理的要求也更加精细化。为利于工作的组织、控制和协调，大量信息需要在航天用户单位和供应商之间进行及时传递。供应商信息化不但是航天型号物资供应链中实物流顺畅的重要保障，也是航天型号物资保证信息平台的组成部分。航天用户单位与供应商都存在通过信息化手段交互数据、办理业务及信息共享的需求。双方对接的核心业务主要包括以下内容。

6.2.1　产品编码

航天用户单位是编码的使用方，编码的维护主体是供应商。供应商应按照集团公司的物资标准（分类、属性、编码规则），根据分配的码段对自己的产品进行赋码工作，并在销售合同、实物包装上用条码的形式将物资编码体现出来，同时及时将新发布的编码反馈给集团公司进行备案、更新，协助航天用户单位修正历史临时编码数据。

6.2.2　技术资料

建立标准统一、动态、受控的产品技术资料库，包括产品原理图、产品三维模型、物资基本信息、详细参数规格信息、相关标准、规范文件等技术文档。以上技术文档定期随产品交由航天用户单位进行更新，便于航天用户单位在设计选用及使用过程中及时、全面地掌握产品技术指标及相关技术要求。

6.2.3　销售合同

在系统中固化国家统一的合同样式，可从系统中直接生成标准合同并打印。同时能将合同产品生产执行的进展情况信息定期反馈给航天用户单位。

6.2.4　监制验收

在系统中进行监制验收工作的信息化处理，能录入监制验收的各项结果，可作为数据包的组成信息。

6.2.5　产品发货

在实物发货时，应能将产品的编码打印为条码，与实物一同流转。

6.2.6　质量问题举一反三

具备根据产品批次号进行质量问题的快速举一反三查询的能力，能快速根据产品批次号查询已发货、在库的相关信息；能进行影响评估和拟采取措施信息等反馈信息的维护。

6.2.7　产品数据包

具备按集团公司数据包要求从系统中自动生成结构化数据包的能力，能实现与集团公司数据包采集终端的对接，通过信息化手段将数据包提交给航天相关用户单位。

中国航天科技集团公司标准

FL 6100 Q/QJA 40.1—2007

航天型号配套物资分类与代码
第1部分：电气、电子和机电元器件

Classification and code of material for aerospace products
——Part 1：EEE parts

2007—11—27 发布 2007—12—27 实施

中国航天科技集团公司 发 布

前　言

　　《航天型号配套物资分类与代码》是一个分成若干部分的标准，与 Q/QJA 39—2007《航天型号物资编码规则》配套使用。Q/QJA 40.1—2007《航天型号配套物资分类与代码　第 1 部分：电气、电子和机电元器件》是其第 1 部分，其他部分将陆续颁布。

　　本部分由中国航天科技集团公司提出。

　　本部分由中国航天标准化研究所归口。

　　本部分起草单位：中国航天科技集团公司武器部、中国航天标准化研究所。

　　本部分主要起草人：张海利、管长才、余斌、肖利全、蔡娜、李兰英、魏子鹏、刘正高。

航天型号配套物资分类与代码
第1部分：电气、电子和机电元器件

1　范围

本部分规定了航天型号常用电气、电子和机电元器件（以下简称航天元器件）的分类与代码。

本部分适用于航天型号配套元器件的物资管理和物资信息化系统的数据交换，元器件选用、设计、采购及目录的编制可参照使用。

2　规范性引用文件

下列文件中的条款通过本部分的引用而成为本部分的条款。凡是注日期的引用文件，其随后所有的修改单（不包含勘误的内容）或修订版均不适用于本部分，然而，鼓励根据本部分达成协议的各方研究是否可使用这些文件的最新版本。凡是不注日期的引用文件，其最新版本适用于本部分。

Q/QJA 39－2007《航天型号物资编码规则》

3　分类与编码原则

3.1　航天元器件分类主要遵循以下原则

1）以航天型号现行使用的元器件种类为依据，按元器件的本质属性进行分类编码；

2）适当兼顾航天物资分类习惯，类目设置尽可能与航天物资和技术的管理实际相符合；

3）充分考虑航天元器件未来发展的需求，使分类具有可扩展性；

4）分类对象为航天型号已经使用和潜在使用的元器件，与相关的国家标准、国家军用标准、行业标准及相应的国际标准协调一致。

3.2　航天元器件编码主要遵循以下原则

1）唯一性原则，每一个编码对象对应一个代码，一个代码仅唯一表示一个编码对象；

2）简明性原则，代码结构应尽量简单，不易出错，并易于计算机系统实现；

3）可扩充性原则，编码可根据实际需要，通过增加新的属性码对物资代码进行扩充；

4）稳定性原则，代码在一定应用范围和尽量长的时间跨度内应保持其结构的相对稳定，保证其偶然修改的最小可能性。

4　分类与编码方法

4.1　在航天元器件分类原则的基础上，元器件分类层级一般为大类、中类、小类、细类4个层次，部分元器件的分类层次适当简化，以便于分类。

4.2　分类的第Ⅰ层级大类按元器件的类别名称划分。

4.3　分类的第Ⅱ、Ⅲ、Ⅳ层级的中类、小类、细类是在大类的基础上，根据特定功能或不同的工艺、结构及原理等进一步细分。

4.4 根据元器件的特点，不同类元器件分级层数不统一，同一层级分类也包含按不同功能、工艺、结构及原理的分类。

4.5 根据 Q/QJA 39－2007 规定的航天型号物资编码分类属性码的编码规则，元器件物资分类代码采用 5 层 10 位的数字代码，其中第 0 层为物资大类中元器件代码 01，其他 4 层 8 位为元器件的分类代码，格式如图 A－1 所示。

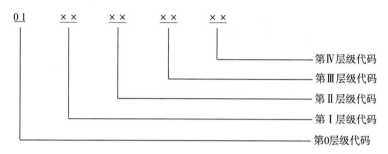

注：各层次中，元器件代码为物资大类中元器件代码 01；第Ⅰ级代码为元器件的大类名称代码；第Ⅱ级代码为元器件的中类名称代码；第Ⅲ级代码为元器件的小类名称代码；第Ⅳ级代码为元器件的细类名称代码。

图 A－1　编码规则

4.6 元器件分类代码见表 A－1～表 A－20。

4.7 分类代码表中内容的补充说明在分类备注栏中加以说明。

5　类目与代码

5.1 航天元器件分为以下 20 大类

1）集成电路；

2）半导体分立器件；

3）光电子器件；

4）真空电子器件；

5）电阻器；

6）电容器；

7）电连接器；

8）继电器；

9）滤波器；

10）频率元件；

11）磁性元件；

12）开关；

13）微波元件；

14）微特电机；

15）敏感元件及传感器；

16）电池；

17）熔断器；

18）电声器件；

19）电线电缆；

20）光纤光缆。

5.2　详细类目及代码

航天元器件分类的详细类目与 4 层 8 位的类目代码见表 A - 1～表 A - 20。

表 A - 1　集成电路分类与类目代码

大类	中类	小类	细类	代码	备注
01 集成电路	0101 单片集成电路	010101 数字集成电路	TTL 电路	01010101	包括：LSTTL、ALSTTL、ASTTL 等
			ECL 电路	01010102	
			CMOS 电路	01010103	包括：CMOS4000B、HC、HCT、AC 等
			其他数字集成电路	01010199	
		010102 模拟集成电路	运算放大器	01010201	
			宽带放大器	01010202	
			仪用放大器	01010203	
			电压调整器	01010204	包括：电压基准电路
			压控振荡器	01010205	
			模拟开关	01010206	
			时基电路	01010207	
			脉宽调制电路	01010208	
			调制/解调电路	01010209	
			中频放大器	01010210	
			晶体管阵列	01010211	
			其他模拟集成电路	01010299	
		010103 微型计算机与存储器	存储器	01010301	包括：RAM、ROM 等
			中央处理器	01010302	
			微处理器	01010303	
			微控制器	01010304	
			数字信号处理器	01010305	
			可编程门阵列	01010306	包括：现场可编程门阵列（FPGA）
			其他微型计算机与存储器	01010399	

续表

大类	中类	小类	细类	代码	备注
01 集成电路	0101 单片集成电路	010104 接口集成电路	电压比较器	01010401	
			接口电路	01010402	
			外围接口电路	01010403	
			电平转换器	01010404	
			数/模(D/A)转换器	01010405	
			模/数(A/D)转换器	01010406	
			压/频(V/F)转换器	01010407	
			频/压(F/V)转换器	01010408	
			线接收器	01010409	包括:线驱动器
			其他接口集成电路	01010499	
		010105 微波单片集成电路	放大器	01010501	
			振荡器	01010502	
			开关	01010503	
			移相器	01010504	
			鉴相器	01010505	
			其他微波单片集成电路	01010599	
		010106 专用单片集成电路		01010600	
		010107 霍尔集成电路		01010700	
		010199 其他单片集成电路		01019900	
	0102 混合集成电路	010201 通用混合集成电路	DC/DC 转换器	01020101	
			功率放大器	01020102	包括:功率运算放大器
			滤波器	01020103	
			其他通用混合集成电路	01020199	
		010202 专用混合集成电路		01020200	
		010203 微波混合集成电路		01020300	
		010299 其他混合集成电路		01029900	
	0103 电子模块			01030000	
	0104 微组装件			01040000	

表 A - 2　半导体分立器件分类与类目代码

大类	中类	小类	细类	代码	备注
02 半导体分立器件	0201 二极管	020101 普通二极管	检波二极管	02010101	
			整流二极管	02010102	
			开关二极管	02010103	
			电压调整二极管	02010104	
			电流调整二极管	02010105	
			电压基准二极管	02010106	
			肖特基二极管	02010107	
			变容二极管	02010108	
			瞬态电压抑制二极管	02010109	
			单结晶体管	02010110	
			桥式整流器	02010111	
			其他普通二极管	02010199	
		020102 微波二极管	微波检波二极管	02010201	
			微波混频二极管	02010202	
			微波变容二极管	02010203	
			微波开关二极管	02010204	
			微波体效应二极管	02010205	
			微波雪崩二极管	02010206	
			微波隧道二极管	02010207	
			微波 PIN 二极管	02010208	
			微波阶跃恢复二极管	02010209	
			其他微波二极管	02010299	
	0202 晶体管	020201 双极型晶体管	高频小功率晶体管	02020101	
			小功率开关晶体管	02020102	
			高反压小功率晶体管	02020103	
			低频大功率晶体管	02020104	
			高频大功率晶体管	02020105	
			大功率开关晶体管	02020106	
			达林顿晶体管	02020107	
			其他双极型晶体管	02020199	
		020202 场效应晶体管	结型场效应晶体管	02020201	
			MOS 型场效应晶体管	02020202	
		020203 闸流晶体管		02020300	
		020204 微波晶体管	微波双极型晶体管	02020401	
			微波场效应晶体管	02020402	
			其他微波晶体管	02020499	

表 A-3 光电子器件分类与类目代码

大类	中类	小类	代码	备注
03 光电子器件	0301 显示器件及组件	030101 发光二极管及其组件	03010100	
		030102 数码符号显示器件	03010200	
		030103 平面显示器件	03010300	
		030104 液晶显示器件及组件	03010400	
		030199 其他显示器件及组件	03019900	
	0302 光发射器件及组件	030201 红外发光二极管及组件	03020100	
		030202 激光二极管及组件	03020200	
		030299 其他光发射器件及组件	03029900	
	0303 光处理器件及组件	030301 光电耦合器	03030100	
		030302 光开关	03030200	
		030303 光电模块	03030300	
		030304 光电组件	03030400	
		030399 其他光处理器件及组件	03039900	
	0304 光探测器件及组件	030401 光敏二极管	03040100	
		030402 光敏晶体管	03040200	
		030403 光伏探测器	03040300	
		030404 红外探测器	03040400	
		030405CCD 器件及组件	03040500	
		030499 其他光探测及组件	03049900	
	0305 激光器	030501 固体激光器	03050100	
		030502 半导体激光器	03050200	
		030503 液体激光器	03050300	
		030599 其他激光器	03059900	
	0399 其他光电子器件		03990000	

表 A-4 真空电子器件分类与类目代码

大类	中类	小类	细类	代码	备注
04 真空电子器件	0401 微波电子管	040101 速调管	反射速调管	04010101	
			多腔速调管	04010102	
			功率速调管	04010103	
			其他速调管	04010199	
		040102 行波管	连续波行波管	04010201	
			脉冲行波管	04010202	
			功率行波管	04010203	
			其他行波管	04010299	

续表

大类	中类	小类	细类	代码	备注
04 真空电子器件	0401 微波电子管	040103 磁控管		04010300	
		040199 其他微波电子管		04019900	
	0402 离子器件（充气管）	040201 触发管		04020100	
		040202 气体放电管		04020200	
		040299 其他离子器件（充气管）		04029900	
	0499 其他真空电子器件			04990000	

表 A-5　电阻器分类与类目代码

大类	中类	小类	细类	代码	备注
05 电阻器	0501 固定电阻器	050101 膜电阻器	金属膜电阻器	05010101	
			氧化膜电阻器	05010102	
			其他膜电阻器	05010199	
		050102 线绕电阻器	普通线绕电阻器	05010201	
			精密线绕电阻器	05010202	
			功率线绕电阻器	05010203	
			其他线绕电阻器	05010299	
		050103 精密合金箔电阻器		05010300	
		050104 电阻网络		05010400	包括：电阻电容网络
		050199 其他固定电阻器		05019900	
	0502 电位器	050201 实芯电位器		05020100	
		050202 膜电位器	氧化膜电位器	05020201	
			金属膜电位器	05020202	
			其他膜电位器	05020299	
		050203 线绕电位器	精密线绕电位器	05020301	
			微调线绕电位器	05020302	
			其他线绕电位器	05020399	
		050299 其他电位器		05029900	

表 A-6 电容器分类与类目代码

大类	中类	小类	细类	代码	备注
06 电容器	0601 固定电容器	060101 有机介质固定电容器	聚碳酸酯电容器	06010101	
			聚苯乙烯电容器	06010102	
			涤纶电容器	06010103	
			复合介质电容器	06010104	
			其他有机介质固定电容器	06010199	
		060102 无机介质固定电容器	瓷介电容器	06010201	
			云母电容器	06010202	
			其他无机介质固定电容器	06010299	
		060103 电解电容器	钽电解电容器	06010301	
			铝电解电容器	06010302	
			其他电解电容器	06010399	
		060199 其他固定电容器		06019900	
	0601 固定电容器	060201 瓷介微调电容器		06020100	
		060202 玻璃釉微调电容器		06020200	
		060299 其他可变电容器		06029900	

表 A-7 电连接器分类与类目代码

大类	中类	小类	细类	代码	备注
07 电连接器	0701 低频电连接器	070101 低频圆形电连接器	螺纹式低频圆形电连接器	07010101	
			卡口式低频圆形电连接器	07010102	
			直插式低频圆形电连接器	07010103	
			推/拉式低频圆形电连接器	07010104	
			其他低频圆形电连接器	07010199	
		070102 低频矩形电连接器		07010200	
		070103 印制板用电连接器		07010300	
		070199 其他低频电连接器		07019900	
	0702 射频电连接器	070201 射频同轴电连接器	直插式射频同轴电连接器	07020101	
			螺纹式射频同轴电连接器	07020102	
			卡口式射频同轴电连接器	07020103	
			精密式射频同轴电连接器	07020104	
			其他射频同轴电连接器	07020199	
		070202 转接器		07020200	
		070299 其他射频电连接器		07029900	

续表

大类	中类	小类	细类	代码	备注
07 电连接器	0703 分离(脱落)电连接器	070301 圆形分离(脱落)电连接器		07030100	
		070302 矩形分离(脱落)电连接器		07030200	
		070399 其他分离(脱落)电连接器		07039900	
	0799 其他电连接器			07990000	包含:单接触件及附件

表 A-8　继电器分类与类目代码

大类	中类	小类	细类	代码	备注
08 继电器	0801 电磁继电器	080101 非磁保持继电器	超小(微)型电磁继电器	08010101	
			小型电磁继电器	08010102	
			功率型电磁继电器	08010103	
		080102 磁保持继电器	超小(微)型电磁继电器	08010201	
			小型电磁继电器	08010202	
	0802 温度继电器			08020000	
	0803 时间继电器			08030000	
	0804 固体继电器	080401 直流固体继电器		08040100	
		080402 交流固体继电器		08040200	
	0899 其他继电器			08990000	

表 A-9　滤波器分类与类目代码

大类	中类	代码	备注
09 滤波器	0901 石英晶体滤波器	09010000	
	0902 压电陶瓷滤波器	09020000	
	0903 声表面波滤波器	09030000	
	0904 机械滤波器	09040000	
	0905 LC 滤波器	09050000	
	0906 介质滤波器	09060000	
	0999 其他滤波器	09990000	

表 A-10　频率元件分类与类目代码

大类	中类	小类	代码	备注
10 频率元件	1001 谐振器	100101 石英谐振器	10010100	
		100199 其他谐振器	10019900	

续表

大类	中类	小类	代码	备注
10 频率元件	1002 振荡器	100201 石英振荡器	10020100	
		100202 压电陶瓷振荡器	10020200	
		100299 其他振荡器	10029900	
	1003 延迟线	100301 声表面波延迟线	10030100	
		100399 其他延迟线	10039900	
	1099 其他频率元件		10990000	

表 A-11 磁性元件分类与类目代码

大类	中类	小类	代码	备注
11 磁性元件	1101 电感器		11010000	
	1102 磁芯	110201 软磁铁氧体	11020100	
		110202 金属磁粉芯	11020200	
		110299 其他磁芯	11029900	
	1199 其他磁性元件		11990000	

表 A-12 开关分类与类目代码

大类	中类	代码	备注
12 开关	1201 微动开关	12010000	
	1202 行程开关	12020000	
	1203 钮子开关	12030000	
	1204 按钮开关	12040000	
	1205 键盘开关	12050000	
	1206 旋转开关	12060000	
	1207 直键开关	12070000	
	1208 微波开关	12080000	
	1299 其他开关	12990000	

表 A-13 微波元件（无源）分类与类目代码

大类	中类	代码	备注
13 微波元件	1301 功率分配器和功率合成器	13010000	
	1302 隔离器	13020000	
	1303 环行器	13030000	
	1304 衰减器	13040000	
	1305 波导及转换器	13050000	
	1306 负载	13060000	
	1399 其他微波元件	13990000	

表 A‑14　微特电机分类与类目代码

大类	中类	小类	代码	备注
14 微特电机	1401 驱动微电机	140101 异步电动机	14010100	
		140102 同步电动机	14010200	
		140103 直流电动机	14010300	
		140199 其他驱动微电机	14019900	
	1402 控制微电机	140201 旋转变压器	14020100	
		140202 自整角机	14020200	
		140203 测速发电机	14020300	
		140204 步进电动机	14020400	
		140205 直流伺服电动机	14020500	
		140206 直流力矩电动机	14020600	
		140299 其他控制微电机	14029900	
	1499 其他微特电机		14990000	

表 A‑15　敏感元件及传感器分类与类目代码

大类	中类	小类	细类	代码	备注
15 敏感元件 及传感器	1501 敏感元件	150101 力敏元件		15010100	
		150102 光敏元件		15010200	
		150103 热敏元件		15010300	
		150104 磁敏元件		15010400	
		150105 湿敏元件		15010500	
		150106 气敏元件		15010600	
		150107 声敏元件		15010700	
		150108 压敏元件		15010800	
		150199 其他敏感元件		15019900	
	1502 传感器	150201 压力传感器	压阻式压力传感器	15020101	
			薄膜式压力传感器	15020102	
			应变片式压力传感器	15020103	
			电容式压力传感器	15020104	
			硅谐振式压力传感器	15020105	
			电位器式压力传感器	15020106	
			电感式压力传感器	15020107	
			压电式压力传感器	15020108	
			其他压力传感器	15020199	

续表

大类	中类	小类	细类	代码	备注
15 敏感元件及传感器	1501 敏感元件	150202 温度传感器	热电阻温度传感器	15020201	
			热敏电阻温度传感器	15020202	
			热电偶温度传感器	15020203	
			半导体温度传感器	15020204	
			光纤温度传感器	15020205	
			其他温度传感器	15020299	
		150203 加速度传感器	压电式加速度传感器	15020301	
			硅电容式加速度传感器	15020302	
			硅压阻式加速度传感器	15020303	
			其他加速度传感器	15020399	
	1502 传感器	150204 液位、位移传感器	电容式液位、位移传感器	15020401	
			浮子式液位、位移传感器	15020402	
			磁致伸缩式液位、位移传感器	15020403	
			光电式液位、位移传感器	15020404	
			霍尔位移传感器	15020405	
			其他液位、位移传感器	15020499	
		150205 烧蚀传感器	应变片式烧蚀传感器	15020501	
			弹簧触点式烧蚀传感器	15020502	
			超声式烧蚀传感器	15020503	
			其他烧蚀传感器	15020599	
		150206 流量传感器	涡轮式流量传感器	15020601	
			差压式流量传感器	15020602	
			超声式流量传感器	15020603	
			其他流量传感器	15020699	
		150207 热流传感器	电堆式热流传感器	15020701	
			辐射式热流传感器	15020702	
			其他热流传感器	15020799	
		150208 噪声传感器	驻极体式噪声传感器	15020801	
			压电式噪声传感器	15020802	
			其他噪声传感器	15020899	
		150209 气体传感器	半导体式气体传感器	15020901	
			电化学式气体传感器	15020902	
			有机高分子式气体传感器	15020903	
			其他气体传感器	15020999	

续表

大类	中类	小类	细类	代码	备注
15 敏感元件 及传感器	1502 传感器	150210 湿度传感器	陶瓷式湿度传感器	15021001	
			半导体式湿度传感器	15021002	
			电解质式湿度传感器	15021003	
			其他湿度传感器	15021099	
		150211 电流传感器		15021100	
		150212 电压传感器		15021200	
		150213 振动传感器		15021300	
		150299 其他被测量传感器		15029900	

表 A‑16　电池分类与类目代码

大类	中类	小类	代码	备注
16 电池	1601 原电池	160101 热电池	16010100	
		160102 锂电池	16010200	
		160103 锌银电池	16010300	
		160199 其他原电池	16019900	
	1602 蓄电池	160201 氢镍蓄电池	16020100	
		160202 镉镍蓄电池	16020200	
		160203 锌银蓄电池	16020300	
		160204 铅酸蓄电池	16020400	
		160205 锂离子蓄电池	16020500	
		160299 其他蓄电池	16029900	
	1603 太阳电池		16030000	
	1699 其他电池		16990000	

表 A‑17　熔断器分类与类目代码

大类	中类	代码	备注
17 熔断器	1701 管状熔断器	17010000	限焊接式
	1702 片状(厚膜)熔断器	17020000	

表 A‑18　电声器件分类与类目代码

大类	中类	代码	备注
18 电声器件	1801 送话器	18010000	
	1802 受话器	18020000	
	1803 送受话器组	18030000	
	1899 其他电声器件	18990000	

表 A‑19　电线电缆分类（弱电）与类目代码

大类	中类	小类	代码	备注
19 电线电缆	1901 电线	190101 安装线	19010100	
		190199 其他电线	19019900	
	1902 电缆	190201 控制电缆	19020100	
		190202 射频电缆	19020200	
		190299 其他电缆	19029900	
	1903 电缆组件		19030000	
	1999 其他电线电缆		19990000	

表 A‑20　光纤光缆分类与类目代码

大类	中类	代码	备注
20 光纤光缆	2001 光纤	20010000	
	2002 光缆	20020000	
	2003 光缆组件	20030000	
	2004 纤维光学互连器件	20040000	
	2099 其他光纤光缆	20990000	

附录 B

中国航天科技集团公司标准

FL 6100   Q/QJA 40.2—2008

航天型号配套物资分类与代码
第 2 部分：标准紧固件

Classification and code of material for aerospace products
——Part 2：standard fastener

2008—12—25 发布   2009—05—15 实施

中国航天科技集团公司   发   布

前 言

　　《航天型号配套物资分类与代码》是一个分成若干部分的标准，与 Q/QJA 39—2007《航天型号物资编码规则》配套使用。Q/QJA 40.2—2008《航天型号配套物资分类与代码　第 2 部分：标准紧固件》是其第 2 部分。

　　本部分由中国航天科技集团公司提出。

　　本部分由中国航天标准化研究所归口。

　　本部分起草单位：中国航天科技集团公司武器部、中国航天标准化研究所。

　　本部分主要起草人：张海利、余斌、孙小炎、林海燕、查朝晖、张忠伟、魏子鹏、李兰英。

　　集团公司标准咨询热线：(010) 88108070、88108072。

航天型号配套物资分类与代码
第 2 部分：标准紧固件

1 范围

本部分规定了航天型号用标准紧固件分类与编码的原则和方法，并给出了标准紧固件的分类与代码。

本部分适用于航天型号配套标准紧固件的物资管理和物资信息化系统的数据交换，标准紧固件的选用、设计、采购及目录的编制可参照使用。

2 规范性引用文件

下列文件中的条款通过本部分的引用而成为本部分的条款。凡是注日期的引用文件，其随后所有的修改单（不包含勘误的内容）或修订版均不适用于本部分，然而，鼓励根据本规范达成协议的各方研究是否可使用这些文件的最新版本。凡是不注日期的引用文件，其最新版本适用于本部分。

Q/QJA 39—2007《航天型号物资编码规则》

3 分类原则与方法

3.1 分类原则

以航天型号现行使用的标准紧固件为对象，涉及到的标准包括国家标准、国家军用标准、航天行业标准和航空行业标准。

选择标准紧固件最稳定的本质属性或特征作为分类的基础和依据，如结构类别、结构要素、使用功能及材料。

兼顾航天行业物资分类习惯，与相关标准协调一致。

类目设置可满足航天型号发展对标准紧固件的需求，并设置收容类目。

3.2 分类方法

1）根据标准紧固件分类原则，标准紧固件分为 4 个层级。第 I 层级按照结构类别进行分类；第 II 层级按照结构要素进行分类；第 III 层级按照使用功能进行分类；第 IV 层级按照材料类别进行分类，对于两种或两种以上材料组成的复合零件，以承力零件的材料作为分类对象。

2）第 I、II、III 层级是将分类对象逐级展开，同位类目之间为并列关系，下位类目与上位类目之间为隶属关系；第 IV 层级的类目与上位类目，通过组合形成一个复合类目，如普通螺纹高温合金抗剪螺栓、普通螺纹高温合金高锁螺栓。

4 编码原则与方法

4.1 编码原则

1）每一标准紧固件编码对象仅对应一个代码，每一个代码仅表示唯一一类标准紧固件编码对象。

2）代码结构尽量简单，以减少差错率，并易于计算机系统实现。

3）代码留有后备容量，可满足航天型号发展对标准紧固件的需要。

4）代码在格式上做到与其他类别物资代码协调统一，同时保持与标准紧固件的分类体系相适应。

4.2　编码方法

1）根据 Q/QJA 39—2007 规定的航天型号物资编码分类属性码编码规则和第 3 章的规定，标准紧固件分类代码采用 5 层 10 位的数字代码，其中第 0 层级代码为物资大类中标准紧固件代码 02，其他 4 层 8 位为标准紧固件的分类代码。第 Ⅰ 层级代码为标准紧固件结构类别的代码；第 Ⅱ 层级代码为标准紧固件结构要素的代码；第 Ⅲ 层级代码为标准紧固件使用功能的代码；第 Ⅳ 层级代码为标准紧固件材料类别的代码。层次码的结构如图 B-1 所示。

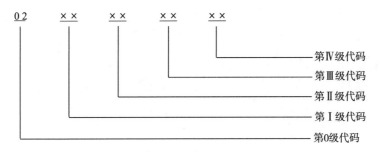

图 B-1　层次码结构图

2）第 Ⅰ、Ⅱ、Ⅲ 层级代码为固定递增格式，即下一层级代码相对于上一层级代码按固定的 2 位代码段递增。示例见表 B-1。

表 B-1　第 Ⅰ 层级至第 Ⅲ 层级代码示例

第 Ⅰ 层级	第 Ⅱ 层级	第 Ⅲ 层级	代码
螺栓、螺钉			01
	普通螺纹螺栓、螺钉		0101
		普通抗拉螺栓、螺钉	010101
		抗剪螺栓	010102
		高锁螺栓	010103
		自锁螺栓、螺钉	010104

3）第 Ⅳ 层级代码与上一层级代码为组合代码。第 Ⅳ 层级代码的第 1 位表示紧固件的材料，对于复合零件表示承力零件的材料；第 2 位表示复合零件中其他材料的代码，如不锈钢尼龙圈自锁螺母第 Ⅳ 层级代码为 "21"。第 Ⅳ 层级代码的定义见表 B-2。

表 B-2　第 Ⅳ 层级代码定义

第 Ⅳ 层级代码第 1 位	第 Ⅳ 层级代码第 1 位定义	第 Ⅳ 层级代码第 2 位	第 Ⅳ 层级代码第 2 位定义
0	金属材料（不需特别注明具体材料）	0	无
1	碳钢、合金钢	1	尼龙

续表

第Ⅳ层级代码第1位	第Ⅳ层级代码第1位定义	第Ⅳ层级代码第2位	第Ⅳ层级代码第2位定义
2	不锈钢	2	橡胶
3	铝及铝合金	—	—
4	铜及铜合金	—	—
5	钛及钛合金	—	—
6	高温合金	—	—
7	弹簧钢	—	—
8	非金属材料 （不需特别注明具体材料）	8	非金属材料 （不需特别注明具体材料）

4）各层级中数字为"99"的代码表示收容类编码。

5）当下层级不再细分时，应在该层级代码后补0直至第8位。

5　类目与代码

5.1　标准紧固件类目

标准紧固件的第Ⅰ级共有以下10个类目：

1）螺栓、螺钉；2）螺柱；3）螺母；4）铆钉；5）垫圈；6）挡圈；7）销；8）螺纹衬套；9）镶嵌件；10）紧固件组合件。

5.2　详细类目及代码

标准紧固件分类的详细类目与4层8位的类目代码见表B-3～表B-12。

表 B-3　螺栓、螺钉分类与类目代码

第Ⅰ层	第Ⅱ层	第Ⅲ层	第Ⅳ层	代码
01 螺栓、螺钉	0101 普通螺纹螺栓、螺钉	010101 普通抗拉螺栓、螺钉	碳钢及合金钢螺栓、螺钉	01010110
			不锈钢螺栓、螺钉	01010120
			铝及铝合金螺栓、螺钉	01010130
			铜及铜合金螺栓、螺钉	01010140
			钛及钛合金螺栓、螺钉	01010150
			高温合金螺栓、螺钉	01010160
		010102 抗剪螺栓	合金钢抗剪螺栓	01010210
			钛合金抗剪螺栓	01010250
			高温合金抗剪螺栓	01010260
		010103 高锁螺栓	合金钢高锁螺栓	01010310
			高温合金高锁螺栓	01010360
			钛合金高锁螺栓	01010350
		010104 自锁螺栓、螺钉	碳钢及合金钢自锁螺栓、螺钉	01010410
			钛合金自锁螺栓、螺钉	01010450
			不锈钢自锁螺栓、螺钉	01010420

续表

第Ⅰ层	第Ⅱ层	第Ⅲ层	第Ⅳ层	代码
01 螺栓、螺钉	0102 MJ 螺纹螺栓、螺钉	010201 MJ 螺纹普通抗拉螺栓、螺钉	MJ 螺纹合金钢螺栓、螺钉	01020110
			MJ 螺纹钛合金螺栓、螺钉	01020150
			MJ 螺纹高温合金螺栓、螺钉	01020160
		010202MJ 螺纹抗剪螺栓	MJ 螺纹合金钢抗剪螺栓	01020210
			MJ 螺纹钛合金抗剪螺栓	01020250
			MJ 螺纹高温合金抗剪螺栓	01020260
		010203MJ 螺纹高锁螺栓	MJ 螺纹合金钢高锁螺栓	01020310
			MJ 螺纹钛合金高锁螺栓	01020350
			MJ 螺纹高温合金高锁螺栓	01020360
		010204 MJ 螺纹自锁螺栓、螺钉	MJ 螺纹合金钢自锁螺栓、螺钉	01020410
			MJ 螺纹钛合金自锁螺栓、螺钉	01020450
			MJ 螺纹高温合金自锁螺栓、螺钉	01020460
	0103 自攻螺钉	—	碳钢自攻螺钉	01030010
	0104 木螺钉	—	木螺钉	01040010
			铜及铜合金木螺钉	01040040
	0199 其他螺栓、螺钉	—		01990000

表 B-4　螺柱分类与类目代码

第Ⅰ级	第Ⅱ级	第Ⅲ级	第Ⅳ级	代码
02 螺柱	0201 普通螺纹螺柱	020101 普通螺柱	碳钢及合金钢螺柱	02010110
			不锈钢螺柱	02010120
			铜合金螺柱	02010140
		020102 带锁键螺柱	碳钢及合金钢带锁键螺柱	02010210
			不锈钢带锁键螺柱	02010220
			高温合金带锁键螺柱	02010260
	0202 MJ 螺纹螺柱	020201MJ 螺纹普通螺柱	MJ 螺纹合金钢螺柱	02020110
			MJ 螺纹钛合金螺柱	02020150
			MJ 螺纹高温合金螺柱	02020160
		020202MJ 螺纹带锁键螺柱	MJ 螺纹合金钢带锁键螺柱	02020210
			MJ 螺纹钛合金带锁键螺柱	02020250
			MJ 螺纹高温合金带锁键螺柱	02020260
	0299 其他螺柱	—	—	02990000

表 B - 5　螺母分类与类目代码

第Ⅰ级	第Ⅱ级	第Ⅲ级	第Ⅳ级	代码
03 螺母	0301 普通螺纹螺母	030101 普通螺母	碳钢及合金钢螺母	03010110
			不锈钢螺母	03010120
			铝及铝合金螺母	03010130
			铜及铜合金螺母	03010140
			钛及钛合金螺母	03010150
			高温合金螺母	03010160
		030102 开槽螺母	碳钢及合金钢开槽螺母	03010210
			不锈钢开槽螺母	03010220
			铝及铝合金开槽螺母	03010230
			铜及铜合金开槽螺母	03010240
		030103 自锁螺母	碳钢及合金钢全金属自锁螺母	03010310
			不锈钢全金属自锁螺母	03010320
			钛合金全金属自锁螺母	03010350
			铝合金全金属自锁螺母	03010330
			铜合金全金属自锁螺母	03010340
			高温合金全金属自锁螺母	03010360
			碳钢及合金钢尼龙圈自锁螺母	03010311
			不锈钢尼龙圈自锁螺母	03010321
			铝合金尼龙圈自锁螺母	03010331
			铜合金尼龙圈自锁螺母	03010341
		030104 高锁螺母	铝合金高锁螺母	03010430
			高温合金高锁螺母	03010460
			钛合金高锁螺母	03010450
		030105 铆螺母	碳钢铆螺母	03010510
			铝合金铆螺母	03010530
		030106 铆装螺母	碳钢铆装螺母	03010610
	0302 MJ 螺纹螺母	030201 MJ 螺纹普通螺母	MJ 螺纹合金钢螺母	03020110
			MJ 螺纹高温合金螺母	03020160
			MJ 螺纹钛合金螺母	03020150
		030202 MJ 螺纹开槽螺母	MJ 螺纹合金钢开槽螺母	03020210
			MJ 螺纹高温合金开槽螺母	03020260
			MJ 螺纹钛合金开槽螺母	03020250

续表

第Ⅰ级	第Ⅱ级	第Ⅲ级	第Ⅳ级	代码
03 螺母	0302 MJ 螺纹螺母	030203MJ 螺纹自锁螺母	MJ 螺纹合金钢自锁螺母	03020310
			MJ 螺纹高温合金自锁螺母	03020360
			MJ 螺纹钛合金自锁螺母	03020350
			MJ 螺纹合金钢尼龙圈自锁螺母	03020311
			MJ 螺纹钛合金尼龙圈自锁螺母	03020351
		030204MJ 螺纹高锁螺母	MJ 螺纹铝合金高锁螺母	03020430
			MJ 螺纹高温合金高锁螺母	03020460
			MJ 螺纹钛合金高锁螺母	03020450
		030205MJ 螺纹铆装螺母	MJ 螺纹钢铆装螺母	03020510
	0399 其他螺母	—		03990000

表 B-6　铆钉分类与类目代码

第Ⅰ级	第Ⅱ级	第Ⅲ级	第Ⅳ级	代码
04 铆钉	0401 实心铆钉	040101 普通实心铆钉	普通铝及铝合金铆钉	04010130
			普通碳钢铆钉	04010110
			普通不锈钢铆钉	04010120
			普通铜及铜合金铆钉	04010140
		040102 航空航天用实心铆钉	航空航天用铝及铝合金铆钉	04010230
			航空航天用碳钢铆钉	04010210
			航空航天用不锈钢铆钉	04010220
			航空航天用钛及钛合金铆钉	04010250
	0402 空心及半空心铆钉	040201 空心铆钉	碳钢空心铆钉	04020110
			铝及铝合金空心铆钉	04020130
			铜及铜合金空心铆钉	04020140
			不锈钢空心铆钉	04020120
		040202 半空心铆钉	碳钢半空心铆钉	04020210
			铝及铝合金半空心铆钉	04020230
			铜及铜合金半空心铆钉	04020240
			不锈钢半空心铆钉	04020220
		040203 螺纹空心铆钉	碳钢螺纹空心铆钉	04020310
			铝合金螺纹空心铆钉	04020330
			钛合金螺纹空心铆钉	04020350
	0403 环槽铆钉	040301 抗剪环槽铆钉钉杆	合金钢抗剪环槽铆钉钉杆	04030110
			钛合金抗剪环槽铆钉钉杆	04030150
		040302 抗剪密封环槽铆钉钉杆	合金钢抗剪密封环槽铆钉钉杆	04030210

续表

第Ⅰ级	第Ⅱ级	第Ⅲ级	第Ⅳ级	代码
04 铆钉	0403 环槽铆钉	040303 抗拉环槽铆钉钉杆	合金钢抗拉环槽铆钉钉杆	04030310
			钛合金抗拉环槽铆钉钉杆	04030350
		040304 环槽铆钉钉套	碳钢环槽铆钉钉套	04030410
			铝合金环槽铆钉钉套	04030430
			不锈钢环槽铆钉钉套	04030420
			钛合金环槽铆钉钉套	04030450
	0404 盲铆钉	040401 普通抽芯铆钉	碳钢普通抽芯铆钉	04040110
			铝合金普通抽芯铆钉	04040130
		040402 击芯铆钉	碳钢击芯铆钉	04040210
			铝合金击芯铆钉	04040230
		040403 抽芯铆钉	碳钢及合金钢抽芯铆钉	04040310
			铝合金抽芯铆钉	04040330
			高温合金抽芯铆钉	04040360
			钛合金抽芯铆钉	04040350
	0405 高抗剪铆钉	040501 高抗剪铆钉钉杆	合金钢高抗剪铆钉钉杆	04050110
		040502 高抗剪铆钉环圈	铝合金高抗剪铆钉环圈	04050230
			不锈钢高抗剪铆钉环圈	04050220
	0499 其他铆钉	—	—	04990000

表 B-7 垫圈分类与类目代码

第Ⅰ级	第Ⅱ级	第Ⅲ级	第Ⅳ级	代码
05 垫圈	0501 非弹性垫圈	050101 平垫圈	碳钢及合金钢平垫圈	05010110
			不锈钢平垫圈	05010120
			铝及铝合金平垫圈	05010130
			钛及钛合金平垫圈	05010150
		050102 止动垫圈	碳钢止动垫圈	05010210
			不锈钢止动垫圈	05010220
		050103 密封垫圈	金属密封垫圈	05010300
			非金属密封垫圈	05010380
		050104 绝缘垫圈	非金属绝缘垫圈	05010480
		050105 应力指示垫圈	钢应力指示垫圈	05010510
	0502 弹性垫圈	050201 弹簧垫圈	不锈钢弹簧垫圈	05020120
			弹簧钢弹簧垫圈	05020170
		050202 普通弹性垫圈	不锈钢弹性垫圈	05020220
			弹簧钢弹性垫圈	05020270

续表

第Ⅰ级	第Ⅱ级	第Ⅲ级	第Ⅳ级	代码
05 垫圈	0502 弹性垫圈	050203 锁紧垫圈	不锈钢锁紧垫圈	05020320
			弹簧钢锁紧垫圈	05020370
	0599 其他垫圈	—	—	05990000

表 B-8　挡圈分类与类目代码

第Ⅰ级	第Ⅱ级	第Ⅲ级	第Ⅳ级	代码
06 挡圈	0601 弹性挡圈	060101 孔用弹性挡圈	不锈钢孔用弹性挡圈	06010120
			弹簧钢孔用弹性挡圈	06010170
		060102 轴用弹性挡圈	不锈钢轴用弹性挡圈	06010220
			弹簧钢轴用弹性挡圈	06010270
		060103 开口挡圈	不锈钢开口挡圈	06010320
			弹簧钢开口挡圈	06010370
	0602 切制挡圈	060201 轴肩挡圈	碳钢及合金钢轴肩挡圈	06020110
		060202 锁紧挡圈	碳钢及合金钢锁紧挡圈	06020210
		060203 夹紧挡圈	碳钢及合金钢夹紧挡圈	06020310
			铜合金夹紧挡圈	06020340
	0699 其他挡圈	—	—	06990000

表 B-9　销分类与类目代码

第Ⅰ级	第Ⅱ级	第Ⅲ级	第Ⅳ级	代码
07 销	0701 开口销	—	碳钢开口销	07010010
			不锈钢开口销	07010020
			铜合金开口销	07010040
	0702 柱销	070201 普通圆柱销	碳钢及合金钢圆柱销	07020110
			不锈钢圆柱销	07020120
		070202 螺纹圆柱销	碳钢及合金钢螺纹圆柱销	07020210
			不锈钢螺纹圆柱销	07020220
		070203 内螺纹圆柱销	碳钢及合金钢内螺纹圆柱销	07020310
			不锈钢内螺纹圆柱销	07020320
		070204 弹性圆柱销	碳钢及合金钢弹性圆柱销	07020410
			不锈钢弹性圆柱销	07020420
		070205 空心圆柱销	碳钢及合金钢空心圆柱销	07020510
			高温合金空心圆柱销	07020560
		070206 带孔圆柱销	碳钢及合金钢带孔圆柱销	07020610
			不锈钢带孔圆柱销	07020620

续表

第Ⅰ级	第Ⅱ级	第Ⅲ级	第Ⅳ级	代码
07 销	0702 柱销	070207 带挡圈槽圆柱销	碳钢及合金钢带挡圈槽圆柱销	07020710
			不锈钢带挡圈槽圆柱销	07020720
	0703 锥销	070301 普通圆锥销	碳钢及合金钢普通圆锥销	07030110
			不锈钢普通圆锥销	07030120
		070302 内螺纹圆锥销	碳钢及合金钢内螺纹圆锥销	07030210
			不锈钢内螺纹圆锥销	07030220
		070303 螺尾锥销	碳钢及合金钢螺尾锥销	07030310
			不锈钢螺尾锥销	07030320
		070304 开尾圆锥销	碳钢及合金钢开尾圆锥销	07030410
			不锈钢开尾锥销	07030420
	0704 定位销	070401 圆柱定位销	碳钢及合金钢圆柱定位销	07040110
		070402 菱形定位销	碳钢及合金钢菱形定位销	07040210
	0705 止动销	070501 弹簧止动销	碳钢及合金钢弹簧止动销	07050110
		070502 快卸止动销	碳钢及合金钢快卸止动销	07050210
	0706 槽销	—	碳钢及合金钢槽销	07060010
			不锈钢槽销	07060020
	0707 销轴	—	碳钢及合金钢销轴	07070010
			不锈钢销轴	07070020
	0799 其他销	—	—	07990000

表 B-10　螺纹衬套分类与类目代码

第Ⅰ级	第Ⅱ级	第Ⅲ级	第Ⅳ级	代码
08 螺纹衬套	0801 钢丝螺套	080101 普通型钢丝螺套	不锈钢普通型钢丝螺套	08010120
		080102 锁紧型钢丝螺套	不锈钢锁紧型钢丝螺套	08010220
	0802 带锁键螺纹衬套	080201 普通型带锁键 螺纹衬套	合金钢带锁键螺纹衬套	08020110
			高温合金带锁键螺纹衬套	08020160
		080202 锁紧型带锁键 螺纹衬套	合金钢锁紧型带锁键螺纹衬套	08020210
			高温合金锁紧型带锁键螺纹衬套	08020260
	0803 薄壁螺纹衬套	—	碳钢及合金钢薄壁螺纹衬套	08030010
		—	不锈钢薄壁螺纹衬套	08030020
	0899 其他螺纹衬套		—	08990000

表 B-11 镶嵌件分类与类目代码

第 I 级	第 II 级	第 III 级	第 IV 级	代码
09 镶嵌件	0901 螺纹镶嵌件	090101 螺纹非自锁镶嵌件	铝合金螺纹镶嵌件	09010130
		090102 螺纹自锁镶嵌件	不锈钢螺纹自锁镶嵌件	09010220
	0902 无螺纹镶嵌件	—	铝合金无螺纹镶嵌件	09020030
	0999 其他镶嵌件	—	—	09990000

表 B-12 紧固件组合件分类与类目代码

第 I 级	第 II 级	第 III 级	第 IV 级	代码
10 紧固件 组合件	1001 螺栓螺钉与平垫圈组合件	—	金属	10010000
	1002 螺栓螺钉与弹性垫圈组合件	—	金属	10020000
	1003 螺栓螺钉与平垫圈、弹性垫圈组合件	—	金属	10030000
	1099 其他组合件	—	—	10990000

中国航天科技集团公司标准

FL 6100   Q/QJA 40.3—2009

航天型号配套物资分类与代码
第3部分：金属材料

Classification and code of material for aerospace products
——Part 3：Metal materials

2009—01—13 发布   2009—05—15 实施

中国航天科技集团公司　发　布

前　言

《航天型号配套物资分类与代码》是一个分成若干部分的标准，与 Q/QJA 39—2007《航天型号物资编码规则》配套使用。Q/QJA 40.3—2009《航天型号配套物资分类与代码　第 3 部分：金属材料》是其第 3 部分。

本部分由中国航天科技集团公司提出。

本部分由中国航天标准化研究所归口。

本部分起草单位：中国航天科技集团公司武器部、中国航天标准化研究所。

本部分主要起草人：张海利、诸一维、何涛、闫锦、刘志盈、李兰英、张兴超。

集团公司标准咨询热线：（010）88108070、88108072。

航天型号配套物资分类与代码
第3部分：金属材料

1　范围

本部分规定了航天型号用金属材料的分类原则与方法、编码原则与方法、类目与代码。

本部分适用于航天型号配套金属材料的物资管理和物资信息化系统的数据交换。金属材料的选用、设计、采购及目录的编制可参照使用。

2　规范性引用文件

下列文件中的条款通过本部分的引用而成为本部分的条款。凡是注日期的引用文件，其随后所有的修改单（不包含勘误的内容）或修订版均不适用于本部分，然而，鼓励根据本部分达成协议的各方研究是否可使用这些文件的最新版本。凡是不注日期的引用文件，其最新版本适用于本部分。

Q/QJA 39－2007《航天型号物资编码规则》

3　分类原则与方法

3.1　分类原则

1）本部分仅对航天型号配套所涉及的金属材料进行分类。

2）分类坚持规范性、实用性、继承性原则，满足航天型号管理的需要，并兼顾发展。

3）本部分按航天型号金属材料的使用和管理特点进行分类，并参考了 GB/T 7635.1－2002 和 QJ 2774.1－1995。在类目设置上尽可能与航天物资和技术的管理实际相符合。

3.2　分类方法

1）在分类原则的基础上，金属材料分类层级为Ⅰ、Ⅱ、Ⅲ、Ⅳ 4 个层次，部分层次适当简化，以便于使用。

2）以航天型号现行使用的金属材料为依据，同一层级按金属材料的品种、特性、用途及加工方法等进行分类。

4　编码原则与方法

4.1　编码原则

1）每一金属材料编码对象仅对应一个代码，每一个代码仅表示唯一一类金属材料编码对象。

2）代码结构尽量简单，以减少差错率。

3）代码留有扩充容量，可满足航天型号发展对金属材料的需要。

4）代码在格式上做到与其他类别物资代码协调统一，同时保持与金属材料的分类体系相适应。

4.2　编码方法

1）根据 Q/QJA 39－2007 规定的航天型号物资编码分类属性码编码规则和第 3 章的规定，金属材料分类代码采用 5 层 10 位的数字代码，其中第 0 层级代码为物资大类中金属材料代码 03，其他 4 层 8 位为金属材料的分类代码，每一层级代码以 2 位阿拉伯数字表示。层次码的结构如图 C－1 所示。

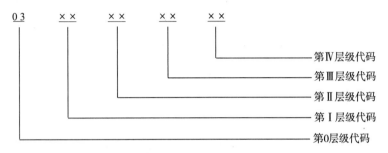

图 C－1　层次码结构图

2）第Ⅰ、Ⅱ、Ⅲ层级代码为固定递增格式，即下一层级代码相对于上一层级代码按固定的 2 位代码段递增。

3）各层级中数字为"99"的代码表示收容类编码。

4）当下层级不再细分时，应在该层级代码后补 0 直至第 8 位。

5　类目与代码

5.1　金属材料类目

金属材料的第Ⅰ级分为以下 2 个类目：

1）黑色金属；

2）有色金属。

金属材料分类基本结构如图 C－2 所示。

5.2　详细类目及代码

金属材料分类的详细类目与 4 层 8 位的类目代码见表 C－1 和表 C－2。

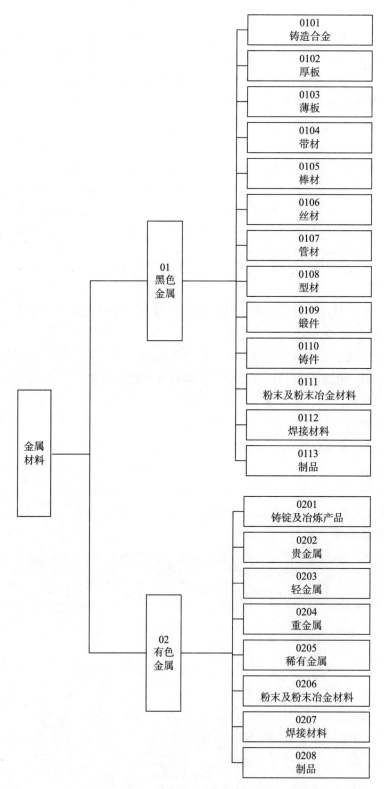

图 C-2　金属材料分类基本结构图

表 C-1　黑色金属分类与类目代码

分类Ⅰ级	分类Ⅱ级	分类Ⅲ级	分类Ⅳ级	代码	说明
01 黑色金属	0101 铸造合金	010101 铸造不锈钢		01010100	
		010102 铸造高温合金		01010200	
		010199 其他铸造合金		01019900	
	0102 厚板	010201 普通碳素结构钢厚钢板	普通碳素结构钢热轧厚钢板	01020101	
			普通碳素结构钢冷轧厚钢板	01020102	
		010202 优质碳素结构钢厚钢板	优质碳素结构钢热轧厚钢板	01020201	
			优质碳素结构钢冷轧厚钢板	01020202	
		010203 碳素工具钢厚钢板	碳素工具钢热轧厚钢板	01020301	
		010204 电磁纯铁厚板	电磁纯铁热轧厚板	01020401	
		010205 低合金钢厚钢板	低合金钢热轧厚钢板	01020501	
		010206 不锈钢厚钢板	不锈钢热轧厚钢板	01020601	
			不锈钢冷轧厚钢板	01020602	
		010207 耐热钢厚钢板	耐热钢热轧厚钢板	01020701	
			耐热钢冷轧厚钢板	01020702	
		010208 合金结构钢厚钢板	合金结构钢热轧厚钢板	01020801	
		010209 合金弹簧钢厚钢板	合金弹簧钢热轧厚钢板	01020901	
		010210 合金工具钢厚钢板	合金工具钢热轧厚钢板	01021001	
		010211 高温合金厚板	高温合金热轧厚板	01021101	
		010212 精密合金厚板	精密合金热轧厚板	01021201	
		010299 其他厚板		01029900	
	0103 薄板	010301 普通碳素结构钢薄钢板	普通碳素结构钢热轧薄钢板	01030101	
			普通碳素结构钢冷轧薄钢板	01030102	
		010302 优质碳素结构钢薄钢板	优质碳素结构钢热轧薄钢板	01030201	
			优质碳素结构钢冷轧薄钢板	01030202	
		010303 电磁纯铁薄板	电磁纯铁冷轧薄板	01030301	
		010304 低合金钢薄钢板	低合金钢热轧薄钢板	01030401	
		010305 不锈钢薄钢板	不锈钢热轧薄钢板	01030501	
			不锈钢冷轧薄钢板	01030502	
		010306 耐热钢薄钢板	耐热钢热轧薄钢板	01030601	
			耐热钢冷轧薄钢板	01030602	
		010307 合金结构钢薄钢板	合金结构钢热轧薄钢板	01030701	
			合金结构钢冷轧薄钢板	01030702	
		010308 合金弹簧钢薄钢板	合金弹簧钢热轧薄钢板	01030801	
			合金弹簧钢冷轧薄钢板	01030802	
		010309 高温合金薄板	高温合金冷轧薄板	01030901	

续表

分类Ⅰ级	分类Ⅱ级	分类Ⅲ级	分类Ⅳ级	代码	说明
01 黑色金属	0103 薄板	010310 平面制成特殊形状的板材	花纹钢板	01031001	
			其他平面制成特殊形状的板材	01031099	
		010311 金属镀、覆层钢板材	镀锌钢板	01031101	
			其他金属镀、覆层钢板材	01031199	
		010312 电工用硅钢板材	电工用硅钢热轧薄钢板	01031201	
			电工用硅钢冷轧薄钢板	01031202	
		010399 其他薄板		01039900	
	0104 带材	010401 普通碳素结构钢带材	普通碳素结构钢热轧带材	01040101	
			普通碳素结构钢冷轧带材	01040102	
		010402 优质碳素结构钢带材	优质碳素结构钢冷轧带材	01040201	
		010403 碳素弹簧钢带材	碳素弹簧钢冷轧带材	01040301	
		010404 碳素工具钢带材	碳素工具钢冷轧带材	01040401	
		010405 低合金钢带材	低合金钢热轧带材	01040501	
		010406 不锈钢带材	不锈钢热轧带材	01040601	
			不锈钢冷轧带材	01040602	
		010407 合金弹簧钢带材	合金弹簧钢热轧带材	01040701	
			合金弹簧钢冷轧带材	01040702	
		010408 高温合金带材	高温合金冷轧带材	01040801	
		010409 精密合金带材	软磁合金冷轧带材	01040901	
			通用变形永磁合金冷轧带材	01040902	
			专用变形永磁合金冷轧带材	01040903	
			弹性合金冷轧带材	01040904	
			膨胀合金冷轧带材	01040905	
			热双金属冷轧带材	01040906	
			电阻电热合金冷轧带材	01040907	
		010410 电工用硅钢带材	电工用硅钢冷轧带（片）材	01041001	
		010499 其他带材		01049900	
	0105 棒材	010501 普通碳素结构钢棒材	普通碳素结构钢热轧（锻、挤压）圆钢	01050101	
			普通碳素结构钢热轧（锻）方钢	01050102	
			普通碳素结构钢热轧（锻）扁钢	01050103	
			普通碳素结构钢热轧（锻）六角钢	01050104	
			普通碳素结构钢冷轧（拉）棒材	01050105	

续表

分类Ⅰ级	分类Ⅱ级	分类Ⅲ级	分类Ⅳ级	代码	说明
01 黑色金属	0105 棒材	010502 优质碳素结构钢棒材	优质碳素结构钢热轧(锻)圆钢	01050201	
			优质碳素结构钢热轧(锻)方钢	01050202	
			优质碳素结构钢热轧(锻)扁钢	01050203	
			优质碳素结构钢冷轧(拉)棒材	01050204	
		010503 易切削钢棒	易切削钢热轧(锻)圆钢	01050301	
			易切削结构钢冷轧(拉)棒材	01050302	
		010504 碳素弹簧钢棒材	碳素弹簧钢热轧(锻)圆钢	01050401	
		010505 碳素工具钢棒材	碳素工具钢热轧(锻)圆钢	01050501	
			碳素工具钢冷轧(拉)棒材	01050502	
		010506 电磁纯铁棒材	电磁纯铁热轧(锻)圆棒	01050601	
			电磁纯铁冷拉圆棒	01050602	
		010507 低合金结构钢棒材	低合金结构钢热轧(锻)圆钢	01050701	
		010508 不锈钢棒材	不锈钢热轧(锻)圆钢	01050801	
			不锈钢热轧(锻)方钢	01050802	
			不锈钢热轧(锻)扁钢	01050803	
			不锈钢热轧(锻)六角钢	01050804	
			不锈钢冷轧(拉)棒材	01050805	
		010509 耐热钢棒材	耐热钢热轧(锻)圆钢	01050901	
			耐热钢热轧(锻)方钢	01050902	
			耐热钢热轧(锻)扁钢	01050903	
			耐热钢热轧(锻)六角钢	01050904	
			耐热钢冷轧(拉)棒材	01050905	
		010510 合金结构钢棒材	合金结构钢热轧(锻)圆钢	01051001	
			合金结构钢热轧(锻)方钢	01051002	
			合金结构钢热轧(锻)扁钢	01051003	
			合金结构钢热轧(锻)六角钢	01051004	
			合金结构钢冷轧(拉)棒材	01051005	
		010511 合金弹簧钢棒材	合金弹簧钢热轧(锻)圆钢	01051101	
			合金弹簧钢热轧(锻)扁钢	01051102	
		010512 轴承钢棒材	轴承钢热轧(锻)圆钢	01051201	
		010513 合金工具钢棒材	合金工具钢热轧(锻)圆钢	01051301	
		010514 高速工具钢棒材	高速合金工具钢热轧(锻)圆钢	01051401	
		010515 高温合金棒材	高温合金热轧(锻)圆棒	01051501	
			高温合金热轧(锻)六角棒	01051502	
			高温合金冷轧(拉)棒材	01051503	

续表

分类Ⅰ级	分类Ⅱ级	分类Ⅲ级	分类Ⅳ级	代码	说明
01 黑色金属	0105 棒材	010516 精密合金棒材	软磁合金热轧（锻）圆棒	01051601	
			软磁合金热轧（锻）扁棒	01051602	
			软磁合金冷轧（拉）棒材	01051603	
			弹性合金热轧（锻）圆棒	01051604	
			弹性合金冷轧（拉）棒材	01051605	
			膨胀合金热轧（锻）圆棒	01051606	
			膨胀合金热轧（锻）扁棒	01051607	
			膨胀合金冷轧（拉）棒材	01051608	
		010599 其他棒材		01059900	
	0106 丝材	010601 优质碳素结构钢冷拉丝材		01060100	
		010602 易切削结构钢冷拉丝材		01060200	
		010603 碳素弹簧钢冷拉丝材		01060300	
		010604 碳素工具钢冷拉丝材		01060400	
		010605 不锈钢冷拉丝材		01060500	
		010606 合金结构钢冷拉丝材		01060600	
		010607 合金弹簧钢冷拉丝材		01060700	
		010608 轴承钢冷拉丝材		01060800	
		010609 合金工具钢冷拉丝材		01060900	
		010610 高温合金冷拉丝材		01061000	
		010611 精密合金丝材	软磁合金冷拉丝材	01061101	
			弹性合金冷拉丝材	01061102	
			膨胀合金冷拉丝材	01061103	
			热双金属合金冷拉丝材	01011104	
			电阻电热合金冷拉丝材	01061105	
		010699 其他丝材		01069900	
	0107 管材	010701 优质碳素结构钢无缝钢管	优质碳素结构钢热轧无缝钢管	01070101	
			优质碳素结构钢冷轧（拉）无缝钢管	01070102	
		010702 低合金结构钢无缝钢管	低合金结构钢热轧无缝钢管	01070201	
			低合金结构钢冷轧（拉）无缝钢管	01070202	
		010703 不锈钢无缝钢管	不锈钢热轧（挤压）无缝钢管	01070301	
			不锈钢冷轧（拉）无缝钢管	01070302	
		010704 合金结构钢无缝钢管	合金结构钢热轧无缝钢管	01070401	
			合金结构钢冷轧（拉）无缝钢管	01070402	
		010705 高温合金无缝管	高温合金冷轧（拉、锻）无缝管	01070501	
		010706 精密合金无缝管	精密合金冷轧（拉）无缝管	01070601	

续表

分类 I 级	分类 II 级	分类 III 级	分类 IV 级	代码	说明
01 黑色金属	0107 管材	010707 焊接钢管		01070700	
		010708 镀、覆层钢管		01070800	
		010709 异型钢管	冷轧（拉）异型无缝钢管	01070901	
		010799 其他管材		01079900	
	0108 型材	010801 大型型钢	碳素结构钢热轧大型 L 型钢	01080101	
			碳素结构钢热轧大型 I 型钢	01080102	
			碳素结构钢热轧大型 U 型钢	01080103	
			低合金钢热轧大型 L 型钢	01080104	
			低合金钢热轧大型 I 型钢	01080105	
			低合金钢热轧大型 U 型钢	01080106	
			其他大型型钢	01080199	
		010802 中型型钢	碳素结构钢热轧中型 L 型钢	01080201	
			碳素结构钢热轧中型 I 型钢	01080202	
			碳素结构钢热轧中型 U 型钢	01080203	
			低合金钢热轧中型 L 型钢	01080204	
			低合金钢热轧中型 I 型钢	01080205	
			低合金钢热轧中型 U 型钢	01080206	
			其他中型型钢	01080299	
		010803 小型型钢	碳素结构钢热轧小型 L 型钢	01080301	
			碳素结构钢热轧小型 U 型钢	01080302	
			低合金钢热轧小型 L 型钢	01080303	
			其他小型型钢	01080399	
		010899 其他型钢		01089900	
	0109 锻件	010901 碳素结构钢锻件		01090100	
		010902 不锈钢锻件		01090200	
		010903 合金结构钢锻件		01090300	
		010904 高温合金锻件		01090400	
		010905 精密合金锻件		01090500	
		010999 其他锻件		01099900	
	0110 铸件	011001 铸钢件	不锈钢铸件	01100101	
			高温合金铸件	01100102	
			其他铸钢件	01100199	
		011099 其他铸件		01109900	

续表

分类Ⅰ级	分类Ⅱ级	分类Ⅲ级	分类Ⅳ级	代码	说明
01 黑色金属	0111 粉末及粉末冶金材料	011101 粉末	铁粉	01110101	
			其他粉末	01110199	
		011102 永磁合金(硬磁合金)	铝镍钴永磁合金	01110201	
			稀土钴永磁合金	01110202	
			钕铁硼永磁合金	01110203	
			其他永磁合金	01110299	
		011103 多孔材料		01110300	
		011199 其他粉末及粉末冶金材料		01119900	
	0112 焊接材料	011201 焊丝	碳素结构钢焊丝	01120101	
			低合金钢焊丝	01120102	
			不锈钢焊丝(含棒)	01120103	
			合金结构钢焊丝	01120104	
			高温合金焊丝	01120105	
			其他焊丝	01120199	
	0113 制品	011301 钢丝绳		01130100	
		011302 丝网	不锈钢网	01130201	
			高温合金网	01130202	
			其他丝网	01130299	
		011303 精密合金磁环		01130300	
		011399 其他制品		01139900	

表 C-2　有色金属分类与类目代码

分类Ⅰ级	分类Ⅱ级	分类Ⅲ级	分类Ⅳ级	代码	说明
02 有色金属	0201 铸锭及冶炼产品	020101 铸锭	铝及铝合金锭	02010101	
			镁及镁合金锭	02010102	
			铜及铜合金锭	02010103	
			其他铸锭	02010199	
		020102 冶炼产品	阴极铜	02010201	
			其他冶炼产品	02010299	
	0202 贵金属	020201 金及金合金材	金及金合金板(片)材	02020101	
			金及金合金带材	02020102	含金包铝带
			金及金合金棒材	02020103	
			金及金合金线(丝)材	02020104	含金包铝丝
			其他金及金合金材	02020199	

续表

分类Ⅰ级	分类Ⅱ级	分类Ⅲ级	分类Ⅳ级	代码	说明
02 有色金属	0202 贵金属	020202 银及银合金材	银及银合金板（片）材	02020201	
			银及银合金带材	02020202	
			银及银合金棒材	02020203	
			银及银合金线（丝）材	02020204	
			银及银合金管材	02020205	
			银及银合金锻件	02020206	
			银箔材	02020207	
			其他银及银合金材	02020299	
		020203 铂及铂合金材	铂及铂合金线（丝）材	02020301	
			其他铂及铂合金材	02020399	
		020204 钯及钯合金材	钯及钯合金板（片）材	02020401	
			钯及钯合金线（丝）材	02020402	
			其他钯及钯合金材	02020499	
		020205 贵金属制品	金、银、铂制品	02020501	
			其他贵金属制品	02020599	
		020299 其他贵金属		02029900	
	0203 轻金属	020301 铝及铝合金材	铝及铝合金板（片）材	02030101	
			铝及铝合金带材	02030102	
			铝及铝合金箔材	02030103	
			铝及铝合金棒材	02030104	
			铝及铝合金线（丝）材	02030105	
			铝及铝合金管材	02030106	
			铝及铝合金型材	02030107	
			铝合金锻件	02030108	
			铝合金铸件	02030109	
			其他铝及铝合金材	02030199	
		020302 镁及镁合金材	镁及镁合金板（片）材	02030201	
			镁及镁合金棒材	02030202	
			镁及镁合金线（丝）材	02030203	
			镁合金锻件	02030204	
			镁合金铸件	02030205	
			其他镁及镁合金材	02030299	

续表

分类Ⅰ级	分类Ⅱ级	分类Ⅲ级	分类Ⅳ级	代码	说明
02 有色金属	0203 轻金属	020303 钛及钛合金材	钛及钛合金板(片)材	02030301	
			钛及钛合金带材	02030302	
			钛及钛合金箔材	02030303	
			钛及钛合金棒材	02030304	
			钛及钛合金线(丝)材	02030305	
			钛及钛合金管材	02030306	
			钛合金锻件	02030307	
			钛合金铸件	02030308	
			其他钛及钛合金材	02030399	
	0204 重金属	020401 铜及铜合金材	铜及铜合金板(片)材	02040101	
			铜及铜合金带材	02040102	
			铜及铜合金箔材	02040103	
			铜及铜合金棒材	02040104	
			铜及铜合金管材	02040105	
			铜及铜合金线(丝)材	02040106	
			铜及铜合金锻件	02040107	
			其他铜及铜合金材	02040199	
		020402 镍及镍合金材	镍及镍合金板(片)材	02040201	
			镍及镍合金带材	02040202	
			镍及镍合金箔材	02040203	
			镍及镍合金棒材	02040204	
			镍及镍合金线(丝)材	02040205	
			其他镍及镍合金材	02040299	
		020403 铅及铅合金材	铅及铅合金板(片)材	02040301	
			铅及铅合金棒材	02040302	
			铅及铅合金线(丝)材	02040303	
			铅及铅合金管材	02040304	
			其他铅及铅合金材	02040399	
		020404 锌及锌合金材	锌及锌合金板(片)材	02040401	
			锌及锌合金棒材	02040402	
			其他锌及锌合金材	02040499	
		020499 其他重金属		02049900	
	0205 稀有金属	020501 钨及钨合金材	钨及钨合金棒材	02050101	
			其他钨及钨合金材	02050199	

续表

分类Ⅰ级	分类Ⅱ级	分类Ⅲ级	分类Ⅳ级	代码	说明
02 有色金属	0205 稀有金属	020502 钼及钼合金材	钼及钼合金板(片)材	02050201	
			钼及钼合金棒材	02050202	
			其他钼及钼合金材	02050299	
		020503 钽及钽合金材	钽及钽合金板(片)材	02050301	
			钽及钽合金棒材	02050302	
			其他钽及钽合金材	02050399	
		020504 镉及镉合金材	镉及镉合金板(片)材	02050401	
			其他镉及镉合金材	02050499	
		020505 铍及铍合金材	铍及铍合金棒材	02050501	
			其他铍及铍合金材	02050599	
		020506 铌及铌合金材	铌及铌合金板(片)材	02050601	
			铌及铌合金棒材	02050602	
			其他铌及铌合金材	02050699	
		020507 铟及铟合金材	铟及铟合金板(片)材	02050701	
			其他铟及铟合金材	02050799	
		020599 其他稀有金属		02059900	
	0206 粉末及粉末冶金 材料	020601 涂层用粉末	镍及镍基复合粉	02060101	
			金属陶瓷基粉	02060102	
			钨粉	02060103	
			其他涂层用粉末	02060199	
		020602 冶金用粉末	银及银合金粉	02060201	
			钛及钛合金粉	02060202	
			锂硅合金粉	02060203	
			锆粉	02060204	
			铬粉	02060205	
			硅粉	02060206	
			其他冶金用粉末	02060299	
		020603 高密度合金	钨基高密度合金坯	02060301	
			钨基高密度合金棒	02060302	
			钨球	02060303	
			其他高密度合金	02060399	
		020604 多孔材料	钨渗铜合金	02060401	
			钼渗铜合金	02060402	
			其他多孔材料	02060499	

续表

分类Ⅰ级	分类Ⅱ级	分类Ⅲ级	分类Ⅳ级	代码	说明
02 有色金属	0206 粉末及粉末冶金材料	020605 电工材料	银基电触头材料	02060501	
			其他电工材料	02060599	
		020606 工具材料	硬质合金	02060601	
			其他工具材料	02060699	
		020699 其他粉末及粉末冶金材料		02069900	
	0207 焊接材料	020701 焊丝	金及金合金焊丝	02070101	
			银及银合金焊丝	02070102	
			铝及铝合金焊丝	02070103	
			钛及钛合金焊丝	02070104	
			铟及铟合金焊丝	02070105	
			其他焊丝	02070199	
		020702 焊料	锡铅焊料	02070201	
			铟锡焊料	02070202	
			金基焊料	02070203	
			银基焊料	02070204	
			镍基焊料	02070205	
			锰基焊料	02070206	
			钛基焊料	02070207	
			铅基焊料	02070208	
			非晶态钎焊料	02070209	
			其他焊料	02070299	
	0208 制品	020801 编织线	铜编织线	02080101	
		020802 丝网	银网	02080201	
			铂铱网	02080202	
			铜网	02080203	
			镍网	02080204	
			其他丝网	02080299	
		020803 过滤片(芯)		02080300	
		020804 靶材		02080400	
		020805 复合材		02080500	含钛-不锈钢爆炸焊复合接头
		020899 其他制品		02089900	

中国航天科技集团公司标准

FL 6100   Q/QJA 40.4—2009

航天型号配套物资分类与代码
第 4 部分：非金属材料

Classification and code of material for aerospace products
——Part 4：Nonmetal materials

2009—01—13 发布   2009—05—15 实施

中国航天科技集团公司　　发　布

前　言

　　《航天型号配套物资分类与代码》是一个分成若干部分的标准，与 Q/QJA 39－2007《航天型号物资编码规则》配套使用。Q/QJA 40.4－2009《航天型号配套物资分类与代码 第 4 部分：非金属材料》是其第 4 部分。

　　本部分由中国航天科技集团公司提出。

　　本部分由中国航天标准化研究所归口。

　　本部分起草单位：中国航天科技集团公司质量技术部、中国航天标准化研究所。

　　本部分主要起草人：张海利、诸一维、闫锦、高振荣、高燕、李兰英。

　　集团公司标准咨询热线：(010) 88108070、88108072。

航天型号配套物资分类与代码
第 4 部分：非金属材料

1 范围

本部分规定了航天型号用非金属材料的分类原则与方法、编码原则与方法、类目与代码。

本部分适用于航天型号配套用非金属材料的物资管理和物资信息化系统的数据交换，非金属材料的选用、设计、采购及目录的编制可参照使用。

2 规范性引用文件

下列文件中的条款通过本部分的引用而成为本部分的条款。凡是注日期的引用文件，其随后所有的修改单（不包含勘误的内容）或修订版均不适用于本部分，然而，鼓励根据本部分达成协议的各方研究是否可使用这些文件的最新版本。凡是不注日期的引用文件，其最新版本适用于本部分。

GB/T 7635.1－2002《全国主要产品分类与代码 第 1 部分：可运输产品》

Q/QJA 39－2007《航天型号物资编码规则》

3 分类原则与方法

3.1 分类原则

1）本部分仅对航天型号配套所涉及的非金属材料进行分类。

2）按非金属材料的基本属性进行分类，酌情采用按照功能、形态等进行分类。类目设置尽可能与航天物资和技术的管理实际相符合。

3）分类应符合 GB/T 7635.1－2002 中 5.3～5.6 的要求，参考 QJ 977B－2005 的非金属材料排列顺序进行具体分类，并尽量与 GJB 832A－2005 相协调一致。

4）分类坚持规范性、实用性、继承性原则。层次的划分以现有非金属材料为基础，并为新型非金属材料品种的增加留有拓展空间。

3.2 分类方法

在分类原则的基础上，非金属材料共分为 4 个层级，表示为Ⅰ级、Ⅱ级、Ⅲ级、Ⅳ级。按不同材料类别在航天的具体应用情况，部分层次适当简化。

4 编码原则与方法

4.1 编码原则

1）每一非金属材料编码对象仅对应一个代码，每一个代码仅表示唯一一类非金属材料编码对象。

2）代码结构尽量简单，以减少差错率。

3）代码留有扩充容量，可满足航天型号发展对非金属材料的需要。

4）代码在格式上做到与其他类别物资代码协调统一，同时保持与非金属材料的分类体系相适应。

4.2 编码方法

1) 根据 Q/QJA 39-2007 规定的航天型号物资编码分类属性码编码规则和第 3 章的规定, 非金属材料分类代码采用 5 层 10 位的数字代码, 其中第 0 层级代码为物资大类中非金属材料代码 04, 其他 4 层 8 位为非金属材料的分类代码。层次码的结构如图 D-1 所示。

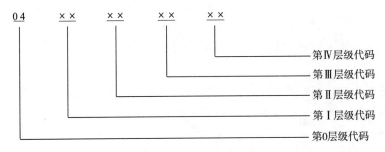

图 D-1　层次码结构图

2) 第 Ⅰ、Ⅱ、Ⅲ 层级代码为固定递增格式, 即下一层级代码相对于上一层级代码按固定的 2 位代码段递增。每一层级以阿拉伯数字 01~99 表示。

3) 各层级中数字为"99"的代码表示收容类编码。

4) 当下层级不再细分时, 应在该层级代码后补 0 直至第 8 位。

5 类目与代码

5.1 非金属材料类目

非金属材料的第 Ⅰ 级共有 13 个类目。

非金属材料分类基本结构如图 D-2 所示。

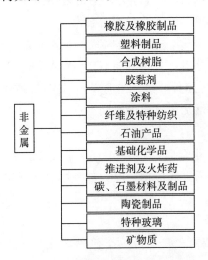

图 D-2　非金属材料分类基本结构图

5.2 详细类目及代码

非金属材料分类的详细类目与 4 层 8 位的类目代码见表 D-1~表 D-13。

表 D-1 橡胶及橡胶制品分类与类目代码

分类 I 级	分类 II 级	分类 III 级	分类 IV 级	代码	说明
01 橡胶及橡胶制品	0101 基础胶	010101 天然橡胶		01010100	
		010102 丁苯橡胶		01010200	
		010103 氯丁橡胶		01010300	
		010104 丁腈橡胶		01010400	
		010105 硅橡胶	甲基硅橡胶	01010501	不含嵌段甲基硅橡胶
			嵌段甲基硅橡胶	01010502	
			甲基乙烯基硅橡胶	01010503	
			甲基苯基硅橡胶	01010504	
			甲基乙烯基苯基硅橡胶	01010505	
			其他硅橡胶	01010599	
		010106 氟橡胶	普通型氟橡胶	01010601	
			耐高温型氟橡胶	01010602	
			其他氟橡胶	01010699	
		010107 氟硅橡胶		01010700	
		010108 聚硫橡胶		01010800	
		010109 氯化橡胶		01010900	
		010199 其他基础胶		01019900	
	0102 混炼胶	010201 天然橡胶混炼胶		01020100	
		010202 丁苯橡胶混炼胶		01020200	
		010203 氯丁橡胶混炼胶		01020300	
		010204 丁腈橡胶混炼胶		01020400	
		010205 硅橡胶混炼胶		01020500	
		010206 氟橡胶混炼胶		01020600	
		010207 乙丙橡胶混炼胶		01020700	
		010208 聚氨酯橡胶混炼胶		01020800	
		010209 氟硅橡胶混炼胶		01020900	
		010299 其他混炼胶		01029900	
	0103 橡胶制品	010301 橡胶板	天然橡胶板	01030101	不含天然真空橡胶板、天然海绵橡胶板、天然耐油石棉橡胶板、天然耐热橡胶板
			天然真空橡胶板	01030102	
			天然海绵橡胶板	01030103	
			天然耐油石棉橡胶板	01030104	
			天然耐热橡胶板	01030105	
			硅橡胶板	01030106	不含导电硅橡胶板、硅海绵橡胶板、硅阻尼橡胶板

续表

分类Ⅰ级	分类Ⅱ级	分类Ⅲ级	分类Ⅳ级	代码	说明
01 橡胶及橡胶制品	0103 橡胶制品	010301 橡胶板	导电硅橡胶板	01030107	
			硅海绵橡胶板	01030108	
			硅阻尼橡胶板	01030109	
			丁腈橡胶板	01030110	不含丁腈绝热橡胶板
			丁腈绝热橡胶板	01030111	
			氯丁橡胶板	01030112	不含氯丁海绵橡胶板
			氯丁海绵橡胶板	01030113	
			聚四氟乙烯膜复合氯丁橡胶板	01030114	
			乙丙橡胶板	01030115	
			丁基阻尼橡胶板	01030116	
			氟橡胶板	01030117	
			氟硅橡胶板	01030118	
			丁苯橡胶板	01030119	
			其他橡胶板	01030199	
		010302 橡胶管	硅橡胶管	01030201	
			天然橡胶管	01030202	
			丁腈橡胶管	01030203	
			金属增强橡胶管	01030204	
			棉线增强橡胶管	01030205	
			其他橡胶管	01030299	
		010303 橡胶涂覆织物(橡胶布)		01030300	
		010304 橡胶囊		01030400	
		010305 橡胶膜		01030500	
		010306 橡胶圈	丁腈橡胶圈	01030601	
			硅橡胶圈	01030602	
			氟橡胶圈	01030603	
			氟硅橡胶圈	01030604	
			乙丙橡胶圈	01030605	
			其他橡胶圈	01030699	
		010307 橡胶异型材		01030700	
		010308 橡胶棒		01030800	
		010309 橡胶带		01030900	
		010310 橡胶绳		01031000	
		010311 橡胶条		01031100	
		010399 其他橡胶制品		01039900	

表 D - 2   塑料制品分类与类目代码

分类 I 级	分类 II 级	分类 III 级	分类 IV 级	代码	说明
02 塑料制品	0201 塑料单丝、棒条和型材	020102 塑料棒条	聚苯乙烯棒条	02010201	
			聚四氟乙烯棒条	02010202	
			聚三氟氯乙烯棒条	02010203	
			聚全氟乙丙烯棒条	02010204	
			聚偏二氟乙烯棒条	02010205	
			聚甲醛棒条	02010206	
			聚酰亚胺棒条	02010207	
			聚酰胺棒条	02010208	
			聚甲基丙烯酸甲酯棒条	02010209	
			聚砜棒条	02010210	
			聚乙烯棒条	02010211	
			聚氨酯棒条	02010212	
			聚碳酸酯棒条	02010213	
			其他塑料棒条	02010299	
		020103 塑料型材		02010300	
	0202 塑料软管、硬管及其组合件	020201 塑料软管	聚酰胺管	02020101	含组合件
			聚氨酯管	02020102	
			聚氯乙烯管	02020103	
			聚四氟乙烯软管	02020104	
			其他塑料软管	02020199	
		020202 塑料硬管	聚四氟乙烯管材	02020201	
			聚全氟乙丙烯管材	02020202	
			聚氯乙烯管材	02020203	
			其他塑料硬管	02020299	
		020203 塑料热收缩管	通用塑料热收缩管	02020301	
			氟塑料热收缩管	02020302	
			其他塑料热收缩管	02020399	
	0203 塑料板(片)、膜、带和扁条	020301 塑料板(片)材	聚氯乙烯板(片)材	02030101	
			聚四氟乙烯板(片)材	02030102	
			聚四氟乙烯覆铜板(片)材	02030103	
			聚全氟乙丙烯板(片)材	02030104	
			聚酰胺板(片)材	02030105	
			聚甲基丙烯酸甲酯板(片)材	02030106	有机玻璃板(片)材
			聚砜板(片)材	02030107	
			聚乙烯板(片)材	02030108	

续表

分类Ⅰ级	分类Ⅱ级	分类Ⅲ级	分类Ⅳ级	代码	说明
02 塑料制品	0203 塑料板（片）、膜、带和扁条	020301 塑料板（片）材	聚丙烯板（片）材	02030109	
			聚三氟氯乙烯板（片）材	02030110	
			聚碳酸酯板（片）材	02030111	
			聚酰亚胺板（片）材	02030112	
			聚酰亚胺覆铜板（片）材	02030113	
			赛璐珞板（片）材	02030114	
			其他塑料板（片）材	02030199	
		020302 塑料带	软聚氯乙烯带	02030201	
			螺纹密封用聚四氟乙烯生料带	02030202	
			聚酰胺带	02030203	
			其他塑料带	02030299	
		020303 塑料薄膜	聚乙烯薄膜	02030301	不含聚乙烯热收缩膜
			聚乙烯热收缩膜	02030302	
			聚氯乙烯薄膜	02030303	
			聚四氟乙烯普通薄膜	02030304	
			聚四氟乙烯活化膜	02030305	
			聚全氟乙丙烯薄膜	02030306	
			聚酰亚胺薄膜	02030307	
			单双面镀铝聚酰亚胺膜	02030308	
			单双面镀铝聚酰亚胺压敏胶膜	02030309	
			单双面镀铝聚酯膜	02030310	
			单双面镀铝聚酯压敏胶膜	02030311	
			聚酯薄膜	02030312	
			镀锗聚酰亚胺薄膜	02030313	
			镀金聚酰亚胺薄膜	02030314	
			镀银聚四氟乙烯薄膜	02030315	
			其他塑料薄膜	02030399	
	0204 泡沫塑料	020401 软质泡沫塑料		02040100	
		020402 硬质泡沫塑料		02040200	
		020499 其他泡沫塑料		02049900	
	0299 其他塑料制品			02990000	

表 D-3 合成树脂分类与类目代码

分类Ⅰ级	分类Ⅱ级	分类Ⅲ级	分类Ⅳ级	代码	说明
	0301 聚乙烯树脂			03010000	
	0302 聚丙烯树脂			03020000	
	0303 聚氯乙烯树脂			03030000	
	0304 聚苯乙烯树脂			03040000	
	0305 氟树脂	030501 聚四氟乙烯树脂		03050100	
		030502 聚全氟乙丙烯树脂		03050200	
		030503 聚三氟氯乙烯树脂		03050300	
		030599 其他氟树脂		03059900	
	0306 硅树脂			03060000	
	0307 聚碳酸酯树脂			03070000	
	0308 丙烯酸树脂			03080000	
	0309 线性聚酯树脂			03090000	
	0310 聚酰胺树脂	031001 低分子量聚酰胺树脂		03100100	
		031002 三元共聚尼龙		03100200	
		031003 二元尼龙		03100300	
		031099 其他聚酰胺树脂		03109900	
03 合成树脂	0311 聚乙烯醇树脂			03110000	
	0312 环氧树脂	031201 双酚 A 型环氧树脂		03120100	
		031202 活性稀释剂		03120200	
		031203 环氧酚醛树脂		03120300	
		031204 多官能环氧树脂		03120400	
		031205 含溴环氧树脂		03120500	
		031206 有机硅环氧树脂		03120600	
		031207 脂环族环氧树脂		03120700	
		031299 其他环氧树脂		03129900	
	0313 酚醛树脂	031301 氨酚醛树脂		03130100	
		031302 钡酚醛树脂		03130200	
		031303 镁酚醛树脂		03130300	
		031304 硼酚醛树脂		03130400	
		031305 钠酚醛树脂		03130500	
		031306 高纯酚醛树脂		03130600	
		031307 高碳酚醛树脂		03130700	
		031308 溴化酚醛树脂		03130800	
		031399 其他酚醛树脂		03139900	

续表

分类Ⅰ级	分类Ⅱ级	分类Ⅲ级	分类Ⅳ级	代码	说明
03 合成树脂	0314 不饱和聚酯树脂	031401 通用型聚酯树脂		03140100	
		031402 乙烯基酯树脂		03140200	
		031499 其他不饱和聚酯树脂		03149900	
	0315 聚氨酯	031501 多元醇		03150100	
		031502 匀泡剂		03150200	
		031503 多异氰酸酯		03150300	
		031504 聚氨酯预聚体		03150400	
		031505 组合料		03150500	
		031599 其他聚氨酯		03159900	
	0316 呋喃树脂			03160000	
	0317 聚酰亚胺树脂			03170000	
	0399 其他合成树脂			03990000	

表 D-4　胶黏剂分类与类目代码

分类Ⅰ级	分类Ⅱ级	分类Ⅲ级	分类Ⅳ级	代码	说明
04 胶黏剂	0401 环氧树脂胶黏剂			04010000	含改性环氧胶黏剂
	0402 丙烯酸酯胶黏剂	040201 厌氧胶		04020100	
		040202 a-氰基丙烯酸酯瞬间胶粘剂		04020200	
	0403 聚氨酯胶黏剂和密封剂			04030000	含密封胶、聚异氰酸酯胶等
	0404 酚醛树脂胶黏剂			04040000	
	0405 聚酰亚胺胶黏剂			04050000	
	0406 橡胶型胶黏剂及密封剂	040601 硅橡胶胶黏剂		04060100	
		040602 硅橡胶腻子		04060200	
		040603 酚醛-丁腈橡胶胶黏剂		04060300	
		040604 丁腈橡胶胶黏剂		04060400	
		040605 氯丁-酚醛橡胶胶黏剂		04060500	
		040606 氯丁橡胶胶黏剂		04060600	
		040607 聚硫橡胶胶黏剂		04060700	
		040699 其他橡胶型胶黏剂及密封剂		04069900	
	0407 缩醛胶液			04070000	
	0408 无机胶黏剂	040801 磷酸铝		04080100	
		040802 磷酸铜		04080200	
		040803 铝粉/Cr2O3		04080300	
		040899 其他无机胶黏剂		04089900	

续表

分类 I 级	分类 II 级	分类 III 级	分类 IV 级	代码	说明
04 胶黏剂	0409 胶带	040901 聚酰亚胺胶带		04090100	
		040902 聚四氟乙烯胶带		04090200	
		040903 聚氨酯胶带		04090300	
		040904 铝基胶带		04090400	
		040905 铜基胶带		04090500	
		040999 其他胶带		04099900	
	0499 其他胶黏剂			04990000	

注:特殊功能胶黏剂列入其主要成分所在的类别

表 D‑5　涂料分类与类目代码

分类 I 级	分类 II 级	分类 III 级	分类 IV 级	代码	说明
05 涂料	0501 油脂漆	050101 清油		05010100	
		050199 其他油脂漆		05019900	
	0502 天然树脂漆	050201 酯胶清漆		05020100	
		050202 酯胶烘干硅钢片漆		05020200	
		050203 酯胶调合漆		05020300	
		050299 其他天然树脂漆		05029900	
	0503 酚醛树脂漆	050301 酚醛清漆		05030100	
		050302 醇溶酚醛烘干清漆		05030200	
		050303 酚醛磁漆		05030300	
		050304 酚醛底漆		05030400	
		050305 酚醛调合漆		05030500	
		050306 酚醛烘干绝缘漆		05030600	
		050307 红丹酚醛防锈漆		05030700	
		050399 其他酚醛树脂漆		05039900	
	0504 沥青漆			05040000	
	0505 醇酸树脂漆	050501 醇酸清漆		05050100	
		050502 醇酸磁漆		05050200	
		050503 醇酸底漆		05050300	
		050504 醇酸调合漆		05050400	
		050505 醇酸烘干绝缘漆		05050500	
		050506 铝粉醇酸烘干耐热漆		05050600	
		050507 醇酸腻子		05050700	
		050508 醇酸漆稀释剂		05050800	
		050599 其他醇酸树脂漆		05059900	

续表

分类Ⅰ级	分类Ⅱ级	分类Ⅲ级	分类Ⅳ级	代码	说明
05 涂料	0506 氨基树脂漆	050601 氨基清漆		05060100	
		050602 氨基磁漆		05060200	
		050603 氨基烘干绝缘漆		05060300	
		050604 氨基腻子		05060400	
		050605 氨基漆稀释剂		05060500	
		050699 其他氨基树脂漆		05069900	
	0507 硝基漆	050701 硝基清漆		05070100	
		050702 硝基磁漆		05070200	
		050703 硝基底漆		05070300	
		050704 硝基透明漆		05070400	
		050705 硝基胶液		05070500	
		050706 硝基腻子		05070600	
		050707 硝基漆稀释剂		05070700	
		050799 其他硝基漆		05079900	
	0508 过氯乙烯漆	050801 过氯乙烯清漆		05080100	
		050802 过氯乙烯磁漆		05080200	
		050803 过氯乙烯外用磁漆		05080300	
		050804 过氯乙烯三防磁漆		05080400	
		050805 过氯乙烯底漆		05080500	
		050806 过氯乙烯三防底漆		05080600	
		050807 过氯乙烯防腐漆		05080700	
		050808 过氯乙烯胶液		05080800	
		050809 过氯乙烯腻子		05080900	
		050810 过滤乙烯漆稀释剂		05081000	
		050899 其他过氯乙烯漆		05089900	
	0509 丙烯酸漆	050901 丙烯酸清漆		05090100	
		050902 丙烯酸磁漆		05090200	
		050903 锶黄丙烯酸底漆		05090300	
		050904 丙烯酸外用漆		05090400	
		050905 丙烯酸标志漆		05090500	
		050906 丙烯酸聚氨酯漆		05090600	
		050907 丙烯酸漆稀释剂		05090700	
		050999 其他丙烯酸漆		05099900	

续表

分类Ⅰ级	分类Ⅱ级	分类Ⅲ级	分类Ⅳ级	代码	说明
05 涂料	0510 环氧树脂漆	051001 环氧硝基磁漆		05100100	
		051002 环氧底漆		05100200	
		051003 环氧酚醛漆		05100300	
		051004 环氧酯烘干绝缘漆		05100400	
		051005 环氧酯腻子		05100500	
		051006 环氧酯烘干腻子		05100600	
		051007 环氧漆稀释剂		05100700	
		051099 其他环氧树脂漆		05109900	
	0511 聚酯树脂漆			05110000	含原子灰
	0512 聚酰亚胺漆			05120000	
	0513 聚氨酯漆	051301 聚氨酯清漆		05130100	
		051302 聚氨酯磁漆		05130200	
		051303 聚氨酯漆稀释剂		05130300	
		051399 其他聚氨酯漆		05139900	
	0514 元素有机漆	051401 有机硅绝缘漆		05140100	
		051402 有机硅耐热漆		05140200	
		051499 其他元素有机漆		05149900	
	0515 橡胶漆	051501 氯化橡胶漆		05150100	
		051502 氯磺化聚乙烯橡胶漆		05150200	
		051599 其他橡胶漆		05159900	
	0516 功能涂料	051601 防热涂料		05160100	
		051602 热控涂料		05160200	
		051603 烧蚀隔热涂料		05160300	
		051604 高温隔热涂料		05160400	凡是具有本栏功能的涂料优先列入本栏
		051605 高温抗氧化涂料		05160500	
		051606 耐高温热反射涂料		05160600	
		051607 三防清漆		05160700	
		051608 三防保护剂		05160800	
		051699 其他功能涂料		05169900	
	0517 辅助材料			05170000	
	0599 其他涂料			05990000	

表 D‑6 纤维及特种纺织品分类与类目代码

分类Ⅰ级	分类Ⅱ级	分类Ⅲ级	分类Ⅳ级	代码	说明
06 纤维及特种纺织品	0601 天然及化学纤维制品	060101 布		06010100	品号 001～400
		060102 绸		06010200	品号 401～700
		060103 绳		06010300	
		060104 带		06010400	
		060105 线		06010500	
		060106 丝		06010600	
		060107 管		06010700	例如,编织套管
		060108 毡		06010800	
		060199 其他天然及化学纤维制品		06019900	
	0602 特种纤维及制品	060201 玻璃纤维及制品	玻璃纤维纱	06020101	
			玻璃纤维布	06020102	
			玻璃纤维短切纱	06020103	
			玻璃纤维粉	06020104	
			玻璃纤维带	06020105	
			无碱玻璃纤维布	06020106	
			无碱玻璃纤维带	06020107	
			玻璃纤维管	06020108	
			无碱玻璃纤维纱	06020109	
			无碱玻璃纤维绳	06020110	
			玻璃纤维立体织物	06020111	
			其他玻璃纤维及制品	06020199	
		060202 高硅氧玻璃纤维及制品	高硅氧玻璃纤维定长纱	06020201	
			高硅氧玻璃纤维布	06020202	
			高硅氧针刺毡	06020203	
			其他高硅氧玻璃纤维及制品	06020299	
		060203 石英纤维及制品	石英纤维	06020301	
			石英纤维织物	06020302	
			其他石英纤维及制品	06020399	
		060204 碳纤维及制品	聚丙烯腈碳纤维	06020401	
			黏胶丝碳纤维	06020402	
			聚丙烯腈预氧化纤维整体毡	06020403	
			碳纤维布	06020404	
			其他碳纤维及制品	06020499	

续表

分类Ⅰ级	分类Ⅱ级	分类Ⅲ级	分类Ⅳ级	代码	说明
06 纤维及特种纺织品	0602 特种纤维及制品	060205 芳纶纤维及制品	芳纶带	06020501	
			芳纶绸	06020502	
			聚芳酰胺纤维纸	06020503	
			其他芳纶纤维及制品	06020599	
		060206 高强聚乙烯纤维及制品	高强聚乙烯绳	06020601	
			其他高强聚乙烯纤维及制品	06020699	
		060207 硅酸铝耐火纤维及制品		06020700	
		060208 氧化铝纤维		06020800	
		060299 其他特种纤维及制品		06029900	

表 D‑7 石油产品分类与类目代码

分类Ⅰ级	分类Ⅱ级	分类Ⅲ级	分类Ⅳ级	代码	说明
07 石油产品	0701 燃料油	070101 柴油		07010100	
		070102 汽油		07010200	
		070103 煤油		07010300	
		070199 其他燃料油		07019900	
	0702 溶剂油			07020000	
	0703 润滑油	070301 普通润滑油		07030100	
		070302 仪表油	通用仪表油	07030201	
			含氟仪表油	07030202	
			其他仪表油	07030299	
		070303 抗化学介质润滑油		07030300	
		070304 液压油		07030400	
		070305 真空泵油		07030500	
		070399 其他润滑油		07039900	
	0704 润滑脂	070401 航空润滑脂		07040100	
		070402 宽温航空润滑脂		07040200	
		070403 低温润滑脂		07040300	
		070404 高低温润滑脂		07040400	
		070405 低温极压脂		07040500	
		070406 抗化学介质润滑脂		07040600	
		070407 仪表润滑脂		07040700	
		070408 陀螺马达润滑脂		07040800	
		070409 专用阻尼脂		07040900	

续表

分类 I 级	分类 II 级	分类 III 级	分类 IV 级	代码	说明
07 石油产品	0704 润滑脂	070410 导热脂		07041000	
		070411 真空脂		07041100	
		070412 通用锂基脂		07041200	
		070499 其他润滑脂		07049900	
	0799 其他石油产品			07990000	

表 D - 8　基础化学品分类与类目代码

分类 I 级	分类 II 级	分类 III 级	分类 IV 级	代码	说明
08 基础化学品	0801 基础无机化学品	080101 气体		08010100	包括氢气、氮气、氧气、二氧化碳、稀有气体等
		080102 无机酸		08010200	硫酸、盐酸、磷酸、硝酸、氢氟酸、氢硫酸、氢氰酸、高氯酸、高碘酸、硅酸等
		080103 金属化合物		08010300	
		080104 非金属化合物	气相法二氧化硅	08010401	
			碳化硼	08010402	
			氮化硼	08010403	
			其他非金属化合物	08010499	
		080105 碱		08010500	烧碱、纯碱等
		080106 盐	碲化铅	08010601	
			其他盐	08010699	
		080107 非金属单质		08010700	
		080199 其他基础无机化学品		08019900	
	0802 基础有机化学品	080201 脂肪族化合物及其衍生物	氯磺化聚乙烯	08020101	
			丙烯	08020102	
			一氟三氯甲烷	08020103	
			地蜡	08020104	
			1,2,4-丁三醇	08020105	
			二缩水甘油醚	08020106	
			全氟三丁胺	08020107	
			其他脂肪族化合物及其衍生物	08020199	

续表

分类Ⅰ级	分类Ⅱ级	分类Ⅲ级	分类Ⅳ级	代码	说明
08 基础化学品	0802 基础有机化学品	080202 脂环族化合物及其衍生物	全氟环醚	08020201	
			其他脂环族化合物及其衍生物	08020299	
		080203 芳香族化合物		08020300	
		080204 杂环化合物		08020400	
		080299 其他有机化学品		08029900	
	0803 有机-无机聚合物	080301 硅氧烷	甲基羟基硅油	08030101	
			苯甲基硅油	08030102	
			二甲基硅油	08030103	
			甲基乙氧基硅油	08030104	
			其他硅氧烷	08030199	
		080302 硅烷偶联剂		08030200	
		080399 其他有机-无机聚合物		08039900	
	0804 橡胶助剂	080401 硫化剂		08040100	
		080402 促进剂		08040200	
		080403 防老剂		08040300	
		080404 补强剂		08040400	
		080499 其他橡胶助剂		08049900	
	0805 塑料及高分子聚合物添加剂	080501 固化剂	咪唑类固化剂	08050101	
			胺类固化剂	08050102	
			酸酐类固化剂	08050103	
			其他固化剂	08050199	
		080502 发泡剂		08050200	
		080503 交联剂		08050300	
		080504 阻燃剂		08050400	
		080505 活性稀释剂		08050500	
		080506 促进剂		08050600	
		080599 其他塑料及高分子聚合物添加剂		08059900	
	0899 其他基础化学品			08990000	

表 D-9 推进剂及火炸药分类与类目代码

分类Ⅰ级	分类Ⅱ级	分类Ⅲ级	分类Ⅳ级	代码	说明
09 推进剂及 火炸药	0901 复合固体推进剂	090101 胶黏剂	端羧基聚丁二烯丙烯腈	09010101	
			聚乙二醇	09010102	
			端羟基聚丁二烯	09010103	
			端羧基聚丁二烯	09010104	
			其他胶黏剂	09010199	
		090102 氧化剂	高氯酸铵	09010201	
			高氯酸钾	09010202	
			氯酸钾	09010203	
			氯酸钠	09010204	
			硝酸铵	09010205	
			其他氧化剂	09010299	
		090103 燃料	铝粉	09010301	
			镁粉	09010302	
			硼粉	09010303	
			其他燃料	09010399	
		090104 增塑剂	特种甘油	09010401	
			癸二酸二异辛酯	09010402	
			其他增塑剂	09010499	
		090105 防老剂和安定剂	硫代双-(3,5—二特丁基-4 羟基)	09010501	
			2-硝基二苯胺	09010502	
			苯基-β-萘胺(防 D)	09010503	
			N,N′-二苯基对苯二胺	09010504	
			其他防老剂和安定剂	09010599	
		090106 补强剂	N,N-双-(2-羟丙基)-苯胺	09010601	
			N,N-双-(2-羟丙基)-苯胺衍生物	09010602	
			炭黑	09010603	
			其他补强剂	09010699	
		090107 燃烧性能调节剂	卡托辛	09010701	
			亚铬酸铜	09010702	
			草酸铵	09010703	
			其他燃烧性能调节剂	09010799	
		090108 工艺助剂		09010800	
		090109 键合剂	三-1-(2-甲基氮丙啶)氧化膦	09010901	
			其他键合剂	09010999	

续表

分类Ⅰ级	分类Ⅱ级	分类Ⅲ级	分类Ⅳ级	代码	说明
09 推进剂及 火炸药	0901 复合固体推进剂	090110 固化剂及催化剂	改性己二异氰酸酯	09011001	
			三苯基铋	09011002	
			分子筛	09011003	
			其他固化剂及催化剂	09011099	
	0902 液体推进剂	090201 氧化剂	四氧化二氮	09020101	
			过氧化氢	09020102	
			硝酸	09020103	
			液氧	09020104	
			其他氧化剂	09020199	
		090202 燃料	单推-3	09020201	
			甲基肼	09020202	
			偏二甲肼	09020203	
			煤油	09020204	
			无水肼	09020205	
			液氢	09020206	
			其他燃料	09020299	
		090203 催化剂		09020300	包括肼催化剂等
	0903 火炸药	090301 黑索今		09030100	
		090302 奥克托金		09030200	
		090303 黑火药		09030300	
		090304BPN-1 点火药		09030400	
		090305 双乙醛药柱		09030500	
		090306 双芳-3		09030600	
		090307 双芳镁-1		09030700	
		090308 双铅-2		09030800	
		090309 双钴-1/-1A		09030900	
		090310TNT 炸药		09031000	
		090311 斯蒂芬酸		09031100	
		090312 硝化棉		09031200	
		090313 樟发射药		09031300	
		090314 六硝基芪		09031400	
		090315 聚奥炸药		09031500	
		090316 聚黑 14		09031600	
		090317SDP-10		09031700	
		090318MTW-1 药柱		09031800	
		090319 D51		09031900	
		090399 其他火炸药		09039900	
	0999 其他推进剂及火炸药			09990000	

表 D-10　碳/石墨材料及制品分类与类目代码

分类Ⅰ级	分类Ⅱ级	分类Ⅲ级	分类Ⅳ级	代码	说明
10 碳/石墨材料及制品	1002 烧蚀石墨			10020000	例如,火箭喷管用石墨
	1003 石墨抗磨密封材料及制品	100301 石墨棒、环		10030100	
		100302 柔性石墨		10030200	
		100399 其他石墨抗磨密封材料及制品		10039900	
	1004 石墨粉			10040000	
	1005 可膨胀石墨			10050000	
	1099 其他碳、石墨材料及制品			10990000	

表 D-11　陶瓷制品分类与类目代码

分类Ⅰ级	分类Ⅱ级	分类Ⅲ级	分类Ⅳ级	代码	说明
11 陶瓷材料及制品	1101 陶瓷制品			11010000	
	1102 陶瓷粉			11020000	
	1103 可加工陶瓷材料			11030000	
	1199 其他陶瓷材料及制品			11990000	

表 D-12　特种玻璃分类与类目代码

分类Ⅰ级	分类Ⅱ级	分类Ⅲ级	分类Ⅳ级	代码	说明
12 特种玻璃				12000000	

表 D-13　矿物质分类与类目代码

分类Ⅰ级	分类Ⅱ级	分类Ⅲ级	分类Ⅳ级	代码	说明
13 矿物质	1301 高岭土			13010000	
	1302 石棉			13020000	
	1303 有机膨润土			13030000	
	1304 煤沥青			13040000	
	1305 云母	130501 换向云母		13050100	
		130502 天然云母		13050200	
		130599 其他云母		13059900	
	1399 其他矿物质			13990000	

中 国 航 天 科 技 集 团 公 司 标 准

FL 6100   Q/QJA 40.5—2009

航天型号配套物资分类与代码
第 5 部分：复合材料

Classification and code of material for aerospace products
——Part 1：Composite materials

2009—01—13 发布   2009—05—15 实施

中国航天科技集团公司   发   布

前　言

　　《航天型号配套物资分类与代码》是一个分成若干部分的标准，与 Q/QJA 39－2007《航天型号物资编码规则》配套使用。Q/QJA 40.5－2009《航天型号配套物资分类与代码第 5 部分：复合材料》是其第 5 部分。

　　本部分由中国航天科技集团公司提出。

　　本部分由中国航天标准化研究所归口。

　　本部分起草单位：中国航天科技集团公司质量技术部、中国航天标准化研究所。

　　本部分主要起草人：张海利、诸一维、闫锦、高振荣、高燕、李兰英。

　　集团公司标准咨询热线：（010）88108070、88108072。

航天型号配套物资分类与代码
第 5 部分：复合材料

1 范围

本部分规定了航天型号用复合材料的分类原则与方法、编码原则与方法、类目与代码。

本部分适用于航天型号配套用复合材料的物资管理和物资信息化系统的数据交换，复合材料的选用、设计、采购及目录的编制可参照使用。

2 规范性引用文件

下列文件中的条款通过本部分的引用而成为本部分的条款。凡是注日期的引用文件，其随后所有的修改单（不包含勘误的内容）或修订版均不适用于本部分，然而，鼓励根据本部分达成协议的各方研究是否可使用这些文件的最新版本。凡是不注日期的引用文件，其最新版本适用于本部分。

Q/QJA 39－2007《航天型号物资编码规则》

3 分类原则与方法

3.1 分类原则

1）本部分仅对航天型号配套所涉及的复合材料进行分类。

2）第一层分类按复合材料的基体属性进行。下一层次依据材料属性、形态等进行分类。类目设置尽可能与航天物资和技术的管理实际相符合。

3）分类坚持规范性、实用性、继承性原则。层次的划分以现有复合材料为基础，并为新型复合材料品种的增加留有拓展空间。

3.2 分类方法

在分类原则的基础上，复合材料一般分三个层级，表示为Ⅰ级、Ⅱ级和Ⅲ级。

4 编码原则与方法

4.1 编码原则

1）每一复合材料编码对象仅对应一个代码，每一个代码仅表示唯一一类复合材料编码对象。

2）代码结构尽量简单，以减少差错率。

3）代码留有扩充容量，可满足航天型号发展对复合材料的需要。

4）代码在格式上做到与其他类别物资代码协调统一，同时保持与复合材料的分类体系相适应。

4.2 编码方法

1）根据 Q/QJA 39－2007 规定的航天型号物资编码分类属性码编码规则和第 3 章的规定，复合材料分类代码采用 5 层 10 位的数字代码，其中第 0 层级代码为物资大类中复合材料代码 05，其他 4 层 8 位为复合材料的分类代码。层次码的结构如图 E-1 所示。

　　第 Ⅰ、Ⅱ 层级代码为固定递增格式，即下一层级代码相对于上一层级代码按固定的 2 位代码段递增。每一层级以阿拉伯数字 01～99 表示。

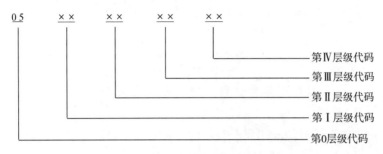

图 E-1　层次码结构图

　　2）各层级中数字为 99 的代码表示收容类编码。

　　3）当下层级不再细分时，应在该层级代码后补 0 直至第 8 位。

5　类目与代码

5.1　复合材料类目

复合材料的第 Ⅰ 级共有 2 个类目。

复合材料分类基本结构如图 E-2 所示。

图 E-2　复合材料分类基本结构图

5.2　详细类目及代码

复合材料分类的详细类目与 4 层 8 位的类目代码见表 E-1～表 E-2。

表 E-1　聚合物基复合材料分类与类目代码

分类Ⅰ级	分类Ⅱ级	分类Ⅲ级	分类Ⅳ级	代码	说明
01 聚合物基复合材料	0101 聚合物基复合材料半成品	010101 酚醛模塑料		01010100	含玻璃纤维模塑料
		010102 邻苯二甲酸二烯丙酯玻璃纤维模塑料		01010200	DAP 模塑料
		010103 碳纤维/树脂预浸料		01010300	
		010104 玻璃纤维/树脂预浸料		01010400	
		010105 酚醛石棉丁腈软片		01010500	
		010106 碳纤维/酚醛—丁腈橡胶材料		01010600	
		010107 填充聚四氟乙烯		01010700	
		010108 可溶性聚酰亚胺模塑粉和模压塑料		01010800	
		010109 立体编织物		01010900	
		010110 短纤维增强热塑性树脂		01011000	

续表

分类Ⅰ级	分类Ⅱ级	分类Ⅲ级	分类Ⅳ级	代码	说明
01 聚合物基复合材料	0101 聚合物基复合材料半成品	010111 芳纶纸蜂窝芯材		01011100	
		010112 铝蜂窝		01011200	
		010113 短纤维酚醛微球预浸料		01011300	
		010114 碳纤维增强酚醛树脂模压制品		01011400	
		010199 其他聚合物基复合材料半成品		01019900	
	0102 聚合物基复合材料棒材	010201 酚醛层压布棒		01020100	
		010202 酚醛高硅氧布棒		01020200	
		010203 环氧酚醛层压玻璃布棒		01020300	
		010299 其他聚合物基复合材料棒材		01029900	
	0103 聚合物基复合材料管材	010301 丙烯酸酯复合管		01030100	
		010302 硅橡胶复合管		01030200	
		010303 环氧复合管		01030300	
		010399 其他聚合物基复合材料管材		01039900	
	0104 聚合物基复合材料板材	010401 酚醛层压布板		01040100	
		010402 环氧酚醛玻璃布层压板		01040200	
		010403 覆铜箔环氧酚醛玻璃布层压板		01040300	
		010404 聚酰亚胺玻璃布板		01040400	
		010405 聚四氟乙烯覆铜箔玻璃布层压板		01040500	
		010406 酚醛层压纸板		01040600	
		010407 酚醛高硅氧布层压板		01040700	
		010499 其他聚合物基复合材料板材		01049900	
	0105 聚合物基复合材料布、带	010501 聚氨酯玻璃布		01050100	
		010502 聚四氟乙烯玻璃布		01050200	
		010503 聚酰亚胺玻璃布		01050300	
		010504 有机硅玻璃布		01050400	
		010505 油性漆绸		01050500	
		010599 其他聚合物基复合材料布、带		01059900	
	0199 其他聚合物基复合材料			01990000	

表 E - 2　碳基复合材料分类与类目代码

分类Ⅰ级	分类Ⅱ级	分类Ⅲ级	分类Ⅳ级	代码	说明
02 碳基复合材料	0201 碳/碳复合材料	020101 碳/碳复合材料半成品	碳基复合材料用碳纤维立体编织物	02010101	
			其他碳/碳复合材料半成品	02010199	
		020102 碳/碳复合材料制品及部件		02010200	
	0299 其他碳基复合材料			02990000	

附录 F

航天型号产品禁（限）用工艺目录

航天型号产品禁用工艺目录

序号	专业分类	工艺名称	禁用内容	禁用原因	建议采取的替代工艺	备注
冷加工（8项）						
1	冷加工	切削加工工艺	需瓷质阳极化的铝合金零件精加工（表面粗糙度值小于 Ra0.4）时，禁止采用有乳化液性的水基冷却液冷却	在瓷质阳极氧化后易造成表面起花成腐蚀（腐蚀）	采用煤油等冷却	航天典型工艺
2	冷加工	切削加工工艺	电工钢叠片组合件加工时禁止采用有腐蚀性的水基冷却液	易造成增加工表面锈蚀和叠片开裂	采用煤油等无腐蚀性的冷却液	航天典型工艺
3	冷加工	切削加工工艺	金属零件 M3 及 M3 以下螺纹（攻丝）时，禁止采用油脂润滑	易造成螺纹锈蚀	钢制零件一般采用豆油与机油的混合液润滑，铝制零件采用煤油润滑	航天典型工艺
4	冷加工	切削加工工艺	静压流体轴承组件加工时，禁止油脂填充节流槽	难以清洗，易产生多余物	加工时，应向气道内通入一定压力气体，以防切屑进入节流槽中	航天典型工艺
5	冷加工	切削加工工艺	静压流体轴承组件精密封面禁止采用湿法研磨	易造成磨料镶嵌到零件表面，难以清除	采用干法研磨并及时用汽油、丙酮清洗	航天典型工艺
6	冷加工	切削加工工艺	带有绕组的组合件机械加工时，禁止让导线的引出线处于自由状态	零件旋转时易损伤引导线	应将导线与组合件绑扎固定，避免与组合件基体有相对运动	航天典型工艺
7	冷加工	装配	采用准直仪校准铝垂线时，禁止使用开放式水银盘	水银蒸气会污染环境	用密闭式水银盘或油硅油面校平	航天典型工艺
8	冷加工	装配	禁止使用丙酮和酒精等有机溶剂清洗聚砜材料零件	聚砜材料遇丙酮和酒精等有机溶剂易造成萌裂	采用汽油擦洗	航天典型工艺
焊接及特种加工（12项）						
9	焊接及特种加工	铝及铝合金熔焊工艺	手工 TIG 焊时禁止采用拉高电弧的方法收弧	易产生弧坑、裂纹等缺陷	采用堆高收弧法或电流衰减法，亦可加引出板收弧	QJ2864-2011 铝及铝合金熔焊工艺规范

续表

序号	专业分类	工艺名称	禁用内容	禁用原因	建议采取的替代工艺	备注
10	焊接及特种加工	铝及铝合金熔焊工艺	禁止在阳极化膜去除前焊接	易产生氧化膜类夹杂等焊接缺陷	采用化学或机械清除焊接部位阳极化膜后焊接	QJ2864—2011 铝及铝合金熔焊工艺规范
11	焊接及特种加工	铝及铝合金熔焊工艺	热处理强化铝合金焊接预温温度超过热温度禁止150℃	易导致过时效，抗拉强度下降	热处理强化铝合金焊接预温温度应低于其时效温度，一般为60~150℃	QJ2864—2011 铝及铝合金熔焊工艺规范
12	焊接及特种加工	铝及铝合金熔焊工艺	铝合金多层焊时，禁止层间温度超过150℃	易导致接头晶粒长大，力学性能下降	严格控制层间温度，下层焊道的温度冷却到150℃以下后，方可焊接第二层	QJ2864—2011 铝及铝合金熔焊工艺规范
13	焊接及特种加工	钛及钛合金焊接工艺	有密封及耐蚀要求的钛合金构件禁止在正反面无有效保护的情况下焊接	易产生接头氧化缺陷	应在真空、充氩箱或反面都充氩保护条件下焊接	QJ1788—89 钛及钛合金焊接工艺
14	焊接及特种加工	钛及钛合金焊接工艺	禁止采用重熔方法去除钛合金表面不符合要求的氧化色	易造成钛合金力学性能下降	采用机械方法去除表面氧化色	QJ1788—89 钛及钛合金焊接工艺
15	焊接及特种加工	电弧焊熔焊工艺	禁止使用未充分烘干的焊条施焊	易产生焊焊气孔缺陷	焊条使用前应按规定进行烘干，酸性焊条一般在150~200℃，1~2h烘干；碱性焊条一般在300~400℃，1~2h烘干	QJ1843A—96 结构钢、不锈钢焊接工艺规范
16	焊接及特种加工	熔焊通用工艺	禁止在焊缝交叉处起弧、收弧，收弧位置严禁重叠	易导致焊接头局部焊接残余应力较大	起弧和收弧应避开焊缝交叉处；多层各层焊或多道焊时起弧和收弧位置应错开	QJ2864—2011 铝及铝合金熔焊工艺规范；QJ1843A—96 结构钢、不锈钢焊接工艺规范
17	焊接及特种加工	熔焊通用工艺	禁止封闭内腔结构未开气孔焊接	内部气体受热后产生的正压，易导致焊缝熔合不良	产品和工装应确保内腔排气通道通畅	适用于各类封闭内腔结构焊接（不包括内部有填充物的封装件）
18	焊接及特种加工	熔焊通用工艺	禁止在雨、雪天露天熔焊	易产生焊气孔、裂纹等缺陷	采取整体或局部防护措施	GJB481 焊接质量控制要求；QJ3099 航天产品焊接质量控制通用要求
19	焊接及特种加工	点焊与缝焊工艺	禁止采用气焊返修点焊及缝焊缝缺陷	易导致焊缝金属氧化等缺陷	缺陷修补可采用氩弧焊、点焊等方法	QJ2205—95 铝及铝合金电阻点焊、缝焊技术条件；QJ2695—95 钛及钛合金电阻点焊、缝焊技术条件

续表

序号	专业分类	工艺名称	禁用内容	禁用原因	建议采取的替代工艺	备注
20	焊接及特种加工	电火花线切割工艺	禁止直接使用航空煤油作为加工介质	易发生火灾	采用加入阻燃剂煤油或其他安全介质	QJ2048-91 电加工线切割通用规范

表面工程（17 项）

序号	专业分类	工艺名称	禁用内容	禁用原因	建议采取的替代工艺	备注
21	表面工程	镀覆工艺	弹性件或抗拉强度大于 1 050 MPa 的钢制件，镀覆前禁止用酸洗的方法去除氧化皮	易产生氢脆	采用无氧化热处理工艺或采用打磨、吹砂、抛丸、碱洗等无析氢方法去除氧化物	QJ452-88 锌镀层技术条件；QJ454-88 铜镀层技术条件；QJ456-88 硬铬镀层技术条件；QJ458-88 银镀层技术条件；QJ477-88 锌盐镀层技术条件；QJ1824-89 镍钴合金镀层技术条件；QJ2754-95 卫星结构件防护性镀覆和涂敷通用规范；QJ2855-96 锡锌合金镀层技术条件
22	表面工程	镀覆前处理工艺	厚度小于 1 mm 或抗拉强度大于 1 450 MPa 的钢制件，禁止使用电化学阴极除油或阴极、阳极交替除油	易产生氢脆	采用阴极除油、超声波除油、化学除油等无析氢除油方法	QJ452-88 锌镀层技术条件；QJ453-88 镉镀层技术条件；QJ457-88 锡镀层技术条件；QJ458-88 银镀层技术条件；QJ477-88 锌盐镀层技术条件；QJ2754-95 卫星结构件防护性镀覆和涂敷通用规范
23	表面工程	镀覆工艺	在硝酸基氧化剂及其蒸气中工作的零件禁止镀锌	易产生腐蚀	采用其他防护方案或采用不锈钢等不需镀覆的材料	
			直径大于或等于 10 mm 的高强度钢（强度大于或等于 1 050 MPa）螺栓禁止电镀锌；抗拉强度大于或等于 1 300 MPa 或经淬火后抗拉强度大于或等于 1 500 MPa 的钢制件禁止电镀锌；厚度小于或等于 0.5 mm 的钢制弹簧薄片零件禁止电镀锌	易产生氢脆	采用达克罗涂层、机械镀锌等无氢脆镀覆工艺或低氢脆镀锌工艺	GJB/Z594A-2000 金属镀覆层和化学覆盖层选择原则与厚度系列；QJ450B-2005 金属镀覆层厚度系列选择原则
			工作温度超过 250 ℃ 的钢制件禁止镀锌	易产生锌脆	采用其他防护方案或采用不锈钢等不需镀覆的材料	

续表

序号	专业分类	工艺名称	禁用内容	禁用原因	建议采取的替代工艺	备注
24	表面工程	镀覆工艺	在硝酸基氧化剂及其蒸气中工作的零件禁止镀镉	易产生腐蚀	采用其他防护方案或采用不锈钢等不需镀覆的材料	GJB/Z594A—2000 金属镀覆层和化学覆盖层选择原则与厚度系列；QJ450B—2005 金属镀覆层厚度系列与选择原则
			与钛合金或液压油、燃油接触的零件禁止镀镉	易产生腐蚀		
			抗拉强度大于或等于1 300 MPa 钢制件(不含弹性件)禁止电镀镉	易产生氢脆	采用达克罗涂层、机械镀锌等无氢脆镀覆或氢脆低的镀镉	
			镀后要求焊接的钢制件禁止镀镉	易产生镉脆	应焊后再进行表面处理	
			工作温度超过230 ℃的钢制件禁止镀镉	易产生镉脆	采用其他防护方案或采用不锈钢等不需镀覆的材料	
25	表面工程	镀覆工艺	与浓过氧化氢接触的零件禁止镀锡；在硝酸基氧化剂中工作的零件禁止镀锡	易产生腐蚀	采用其他防护方案或采用不锈钢等不需镀覆的材料	GJB/Z594A—2000 金属镀覆层和化学覆盖层选择原则与厚度系列；QJ450B—2005 金属镀覆层厚度系列与选择原则
26	表面工程	镀覆工艺	在浓过氧化氢中工作的零件禁止镀镍；在以硝酸为基的氧化剂中工作的零件禁止镀镍	易产生腐蚀	采用其他防护方案或采用不锈钢等不需镀覆的材料	GJB/Z594A—2000 金属镀覆层和化学覆盖层选择原则与厚度系列；QJ450B—2005 金属镀覆层厚度系列与选择原则
27	表面工程	镀覆工艺	与浓过氧化氢接触的零件禁止镀银；在以硝酸为基的氧化剂中工作(含接触)的零件禁止镀银	易产生腐蚀	采用其他防护方案或采用不锈钢等不需镀覆的材料	GJB/Z594A—2000 金属镀覆层和化学覆盖层选择原则与厚度系列；QJ450B—2005 金属镀覆层厚度系列与选择原则
28	表面工程	镀覆工艺	连接裸铝及裸铝合金的连接件禁止磷化	易产生腐蚀	可采用镀锌等其他防护方案	GJB/Z594A—2000 金属镀覆层和化学覆盖层选择原则与厚度系列；QJ450B—2005 金属镀覆层厚度系列与选择原则
			电子器件及电路板禁止镀锡	存放中易产生"锡须"，造成短路	可采用镀锡铅合金	
29	表面工程	镀覆工艺	低于-13 ℃环境使用的零件禁止镀锡	易产生"锡疫"现象	可采用镀锡铅、锡铋、锡锑等合金	GJB/Z594A—2000 金属镀覆层和化学覆盖层选择原则与厚度系列；QJ450B—2005 金属镀覆层厚度系列与选择原则

续表

序号	专业分类	工艺名称	禁用内容	禁用原因	建议采取的替代工艺	备注
30	表面工程	镀覆工艺	以导电为目的的零件，镀金层厚度层小于3μm时，禁止用镀银层作金镀层的底层	易通过扩散而形成表面不导电膜	可采用电镀镍或化学镀镍做金底层	GJB/Z594A—2000金属镀覆层和化学覆盖层选择原则与厚度系列；QJ450B—2005金属镀覆层厚度系列与选择原则
31	表面工程	镀覆工艺	在禁油环境下使用的钢制零件禁止采用化学氧化防护	脱油后易导致氧化膜耐蚀性差、附着力差	采用其他防护方案（如化学镀镍工艺等）或采用不锈钢等不需镀覆的材料	GJB/Z594A—2000金属镀覆层和化学覆盖层选择原则与厚度系列；QJ450B—2005金属镀覆层厚度系列与选择原则
			与有色金属（铝、锡、锌等）接触及与非金属件（如橡胶、塑料、皮革等）接触的钢制零件禁止化学氧化	易生产接触腐蚀	采用其他防护方案（如化学镀镍工艺等）或更换材料	
			用锡、锡铅、铜等有色金属焊料焊接的钢制组合件禁止化学氧化	腐蚀焊料	采用其他防护方案	
			受摩擦的钢制钢铁、铝、铜零件禁止化学氧化	化学氧化膜层不耐磨	采用喷涂、电镀、阳极化等工艺	
32	表面工程	镀覆工艺	含有镀锌、镀镉零件的产品包装、储存禁止使用和存在QJ2921—97表A1所列可产生严重腐蚀镀层的有机气氛的材料	有机气氛造成镀锌、镉层严重腐蚀	按QJ2921—97选用合适的材料	QJ2921—97锌镀层、镉镀层抗腐蚀性技术要求；严重腐蚀：有密集的白色或灰色的锈斑，或出现基体金属（钢）的褐色锈点，且腐蚀总面积超过25%
33	表面工程	涂装工艺	涂漆前处理作业及大面积除油和清除旧漆作业中，禁止使用苯及甲苯及二甲苯	刷毒、有害人体	采用其他无毒或低毒的除油剂、除漆剂	GB7692—2012涂装作业安全及其通风净化
34	表面工程	涂装工艺	用有机物溶剂或溶剂型脱漆剂清除旧漆时，禁止使用钢制的刷、铲刀等易产生火花的工具	易造成火灾、爆炸事故	使用铝、铜或非金属材质的工具	GB7692—2012涂装作业安全及其通风净化
35	表面工程	涂装工艺	操作现场禁止操作人员穿着不防静电化纤工作服和钉靴鞋	易造成火灾、爆炸事故	操作人员穿着防静电工作服和防静电工作鞋	GB7692—87涂漆前处理工艺安全

续表

序号	专业分类	工艺名称	禁用内容	禁用原因	建议采取的替代工艺	备注
36	表面工程	涂装工艺	操作现场残留有机溶剂、漆料和溶剂型脱漆剂残液禁止用木屑和化纤织物擦清除	易造成火灾、爆炸事故	用棉布或棉纱，使用完后的棉布和棉纱应集中处理	GB7692—2012 涂装作业安全规程 涂漆前处理工艺安全及其通风净化
37	表面工程	涂装工艺	加热涂料等易燃物质时，禁止使用火炉、电炉、煤气炉及其他明火	易造成火灾、爆炸事故	使用热水、蒸汽等热源	GB6514—2008 涂漆工艺安全及其通风净化无损检测（1项）
无损检测（1项）						
38	无损检测	卤素检漏	禁止使用卤素检漏试验方法	因素气体危害健康、破坏环境	采用氦质谱检漏方法	
热加工（8项）						
39	热加工	热处理工艺及锻造加工工艺	禁止火焰炉的火焰直接接触工件	易产生过烧	采取火焰隔离措施	GB/T16923—2008 钢件的正火与退火
40	热加工	离子渗氮工艺	禁止使用热导式电阻真空计测量离子渗氮的工作气压	灵敏度不满足要求	可采用膜片式真空计测量离子渗氮的工作气压	JB/T6956—2007 钢铁件的离子渗氮
41	热加工	高温合金热处理工艺	高温合金热处理时，禁止使用还原气氛	易产生氢脆	高温合金热处理采用真空或惰性保护气氛；加热温度不超过 1 000 ℃时，也可以用放热式气氛或热式氮基气氛，还可以采用涂料保护	JB/T7712—2007 高温合金热处理
42	热加工	热处理工艺	真空热处理时禁止使用带有镀层的金属丝扎工件	易发生金属同扩散而发生粘连和工件表面的金属元素贫化	采用无镀层的金属丝进行捆绑	GB509B—2008 热处理工艺质量控制要求
43	热加工	变形铝合金热处理工艺	硝盐槽的使用温度禁止超过550 ℃；硝盐中禁止混入木炭、木屑、镁屑、油和其他物质	易引起爆炸	确保产品清理干净并采用辐射式热处理炉	QJ/Z127—84 变形铝合金的热处理 "7.技术安全"7.2/7.3

续表

序号	专业分类	工艺名称	禁用内容	禁用原因	建议采取的替代工艺	备注
44	热加工	变形铝合金热处理工艺	淬火加热禁止采用超过淬火温度上限的所谓高温入炉	易导致缺陷	采用淬火温度或降低淬火温度入炉	QJ/Z127—84 变形铝合金的热处理
45	热加工	铍青铜热处理工艺	禁止在盐浴炉内进行固溶处理	不安全	用辐射式热处理炉	QJ2255—92 铍青铜的热处理
46	热加工	结构钢热处理工艺	等温淬火的零件禁止采用回火的方法改变硬度	影响零件的组织均匀性	采用水油分级淬火	QJ2538—93 结构钢的热处理
固体装药（9 项）						
47	装药工艺	氧化剂称量、准备	禁止使用铁质等硬碰撞易发火的工具	易发火引发燃烧、爆炸等安全事故	可采用竹质或木质工具	QJ2274—92 复合固体推进剂研制生产技术规定
48	装药工艺	奥克托和黑索金称量	过筛和称量，禁止在相对湿度小于70%的环境中进行操作	易引发爆炸等安全事故	采取环境增湿、接地导引的措施，保持操作间环境相对湿度不小于70%，静电不大于10 kV	QJ2274—92 复合固体推进剂研制生产技术规定
49	装药工艺	发动机壳体喷砂	禁止金属壳体喷砂面与油、水等物质接触	易生锈、污染、影响界面粘结质量	采取保护措施，使环境受控（在尽可能短或工艺规定时间内尽快实施界面粘贴施工或涂底漆保护）	Q/Gz520—2007 固体火箭发动机金属壳体内绝热成型工艺规范
50	装药工艺	绝热层贴片	禁止绝热片材与片材之间对接粘贴	易造成脱粘、空隙，影响壳体绝热质量	采用搭接工艺粘贴	Q/Gz520—2007 固体火箭发动机金属壳体内绝热成型工艺规范
51	装药工艺	衬层喷涂	发动机壳体衬层喷涂和预固化过程禁止与油、水等物质接触	易引发衬药无法预固化，流挂甚至至装药后界面发软、脱粘，影响衬层成型及界面粘接的质量	控制环境温湿度，使用无油、干燥压缩空气	Q/Gz446—2002 固体火箭发动机衬层制作工艺规范
52	装药工艺	原材料预混	禁止高氯酸铵（GA）和铝粉（LF）直接接触	易发生化学反应，产生自燃烧、爆炸等安全事故	可采用铝粉（LF）先与粘合剂预混包覆工艺	QJ2274—92 复合固体推进剂研制生产技术规定

续表

序号	专业分类	工艺名称	禁用内容	禁用原因	建议采取的替代工艺	备注
53	装药工艺	高能推进剂预混、浇注	禁止使用铜质工具	易引发燃烧、爆炸等生产安全事故	可采用竹质或木质工具	Q/Gz432—2001《高能固体推进剂研制生产安全技术规定》
54	装药工艺	复合固体推进剂试样方坯存放	禁止将复合固体推进剂试样方坯暴露在大气中	易吸潮、影响产品质量	可采用密封于干燥器中等环境受控的方式存放	QJ1113—87 复合固体推进剂性能测试用试样
55	装药工艺	复合氯酸铵的加工	禁止用铜材料做容器和工具;禁止粉碎被油类污染的氧化剂;氧化剂烘干时禁止与易燃物或碱金属粉末一起烘干;拆卸工装时严禁敲打、撞击;禁止用水、二氧化碳、四氯化碳等灭火;严禁废料冲入下水道中,埋入地下或在非指定场所销毁	影响产品质量,易引发燃烧爆等安全事故,污染环境	不锈钢质、铝合金、竹质或木质作工具或容器;少量着火时可用雾状水,砂土扑灭;在指定场所采用远距离点火分次分地销毁	QJ2274—92 复合固体推进剂研制生产技术规定;GJB/Z30—92 复合固体推进剂原材料安全技术特性及管理
非金属及复合材料构件加工(10项)						
56	非金属及复合材料构件加工	航天用胶料混炼、转运	混炼时禁止有胶疙瘩及大于0.15 mm的外来杂质;胶料的转运,禁止与油类、润滑脂、酸、碱及其他有于混炼胶质量的化学药品接触	影响橡胶制品的性能	转运时采用合理的防护措施;若被污染,应予以剔除	GJB462A—98 航天用胶料规范
57	非金属及复合材料构件加工	玻璃纤维异形织织物纺织工艺脂保润滑剂	玻璃纤维异形机织物纺纱工艺中禁止用油、润滑剂	严重影响与基体树脂的粘接性能	采用无润滑剂纺织工艺	GJB1058A—2003 玻璃纤维仿形织物规范
58	非金属及复合材料构件加工	GN—512等有机硅凝胶贮存	禁止与含氮、磷、硫等氧化物、含镍、铅、汞、砷等的重金属离子化合物、含乙炔基团等多重键的化合物及空气中的粉尘接触	胶料毒化而造成固化完全或不固化	贮存时采用合理的防护措施	QJ1992.24—90 胶料规范;GN—512 有机硅凝胶接工艺规范;GN—512 有机硅凝胶的配制与灌封工艺

续表

序号	专业分类	工艺名称	禁用内容	禁用原因	建议采取的替代工艺	备注
59	非金属及复合材料构件加工	碳纤维、芳纶纤维、碳/碳等复合材料构件制品加工、转运、贮存	禁止与油类、酸、碱等接触，应避免在光照、高温及高湿环境下贮存	降低复合材料制品的性能	加工过程中采用干式切削工艺；转运、贮存时采用合理的防护措施	QJ2691—94 整体毡碳/碳复合材料喉衬制品；QJ2727—95 碳纤维/酚醛、高硅氧纤维/酚醛复合材料球形容器规范；GJB2371—95 芳纶复合材料球形容器规范；Q/G63—93 碳纤维/酚醛树脂模压制品技术条件；Q/Gb36A—99 防热套制造工艺规范；Q/Gb73—90 高硅氧绝热技术条件；压收敛段绝热技术条件；Q/Gb81—97FG—28 喷管高硅氧/酚醛模压背壁技术条件
60	非金属及复合材料构件加工	O形橡胶密封圈运输、贮存	严禁接触影响橡胶性能的物质，如油类、酸、碱、有机溶剂等	易产生腐蚀/溶胀使橡胶密封圈丧失弹性	用塑料（纸）袋包装	Q/Gb37A—98 O 型橡胶密封圈粘接工艺规范
61	非金属及复合材料构件加工	热压固化罐保护	无惰性气体保护热压固化罐禁止在150℃以上温度使用	存在安全隐患	须在高于150℃温度固化的制品，可改用液压釜固化	
62	非金属及复合材料构件加工	热压固化罐保护	禁止无惰性气体保护措施的热压固化工艺	存在安全隐患	加惰性气体保护	

续表

序号	专业分类	工艺名称	禁用内容	禁用原因	建议采取的替代工艺	备注
63	非金属及复合材料构件加工	预浸料覆盖用塑料薄膜	预浸料制备过程中，禁止使用无色透明或与预浸料颜色相同的薄膜覆盖	易夹带进入复合材料制品中造成脱粘	使用色差明显的塑料薄膜	
64	非金属及复合材料构件加工	预浸料铺放和固定工艺	预浸料铺放和固定时，禁止直接在预浸料上用医用橡皮膏	易引起橡皮膏渗入产品，影响结合强度	需要固定时，可用该预浸带浸胶带捆绑固定	
65	非金属及复合材料构件加工	切削加工工艺	绝缘或高精度结构用环氧或酚醛层压板（棒）零件机械加工时不宜使用冷却液	层压布板（棒）吸收冷却液易造成零件变形、降低绝缘性能	采用干式切削	航天精加工单位典型工艺
电装（15 项）						
66	电装	焊接材料工艺	导线、电缆的焊接禁止使用 RA 型焊剂	焊接时，RA 型焊剂会渗透到导线、电缆绝缘层内，造成对芯线腐蚀，影响焊接可靠性	采用符合 GB9491 的 R 型或 RMA 型焊剂	QJ165B 航天电子电气产品安装通用技术要求
67	电装	端头处理工艺	禁止使用刮刀等尖锐工具清除元器件引线表面氧化物	易损伤元器件	可用绘图橡皮等轻擦，或必要时用 W14—W28 金相砂纸单方向轻砂引线表面	QJ3267—2006 电子元器件搪锡工艺技术要求
68	电装	端头处理工艺	禁止镀金的导线、元器件引线、各种接线端子等的焊接部位，未经除金处理，直接焊接	易产生金脆	引线表面金镀层厚度大于 2.5 μm，需经过两次去金处理，小于 2.5 μm 进行一次除金处理	QJ165B 航天电子电气产品安装通用技术要求；QJ3267—2006 电子元器件搪锡工艺技术要求
69	电装	元器件引线成形工艺	禁止使用尖头钳或医用镊子校直引线	易损伤元器件引线	采用无齿平口钳校直引线	QJ3267—2006 电子元器件搪锡工艺技术要求

续表

序号	专业分类	工艺名称	禁用内容	禁用原因	建议采取的替代工艺	备注
70	电装	元器件引线成形工艺	禁止采用镊子等普通工具成形；禁止表面安装器件引线采用无工装成形工艺	易损伤元器件或引线；影响组装共面性超差，影响组装和焊接质量	应用专用工具、工装或设备成形；手工成形通孔插装元器件引线时，应将成形工具夹持在元器件本体封装处到弯曲点之间的某一点上，固定不动，然后对引线逐渐弯曲成形	QJ3012—98 航天电子电气产品元器件通孔安装技术要求；QJ165B航天电气电子产品安装通用技术要求
71	电装	元器件引线成形工艺	禁止 TO 封装器件未预成形直接安装	受力影响器件组装可靠性	按要求预成形后安装	QJ3012—98 航天电子电气产品元器件通孔安装技术要求
72	电装	元器件（导线）安装工艺	禁止接线端子、铆钉作界面层间连接，禁止空心铆钉用于电气连接；禁止在起焊面界面连接用的金属化孔（导通孔）安装元器件	电气连接不可靠	界面连接、层间连接应用金属化孔连接	QJ3012—98 航天电子电气产品元器件通孔安装技术要求
73	电装	元器件（导线）安装工艺	禁止插入任何一个印制板安装孔的导线或者元器件引线超过一根	影响元器件安装可靠性	严格实行一线一孔	QJ165B航天电子电气产品通用技术要求
74	电装	元器件（导线）安装工艺	禁止 F 型封装功率器件引线直接与接点硬连接	焊点易在应力作用下开裂	通过软导线与接点连接或接点连接弹性支撑	QJ3012—98 航天电子电气产品元器件通孔安装技术要求
75	电装	印制板焊接工艺	手工焊接时，禁止对焊点点强制冷却	易发生焊点虚焊	应在室温下自然冷却	QJ3117A—2011 航天电子电气产品手工焊接工艺技术要求
76	电装	印制板焊接工艺	禁止印制电路板金属化孔双面焊接	易造成焊接缺陷	采用单面焊，焊料应从印制板的一侧连续流动到另一侧	QJ3117A—2011 航天电子电气产品手工焊接工艺技术要求
77	电装	印制板焊接工艺	禁止焊点返工超过 3 次	易造成焊接部位损伤	严格控制焊接温度和时间	QJ3117A—2011 航天电子电气产品手工焊接工艺技术要求
78	电装	清洗工艺	超声波清洗禁止用于内部有电接点的元器件或装焊有该类元器件的 PCB 组件的清洗	损伤元器件内部接点	采用其他合适的清洗方法	QJ165B航天电子电气产品安装通用技术要求
79	电装	粘固工艺	禁止直径大于 8 mm 的线束仅用硅橡胶粘固	不能保证线束安装牢固	应采用机械固定工艺，加装固定卡绑扎固定	
80	电装	静电防护工艺	禁止不带防静电腕带等器具接触、装焊 CMOS 等易受静电损伤的元器件；禁止裸手拿取静电敏感元器件	易损伤静电敏感元器件	操作静电敏感元器件应在防静电环境下进行	QJ2711—95 静电放电敏感器件安装工艺技术要求

航天型号产品限用工艺目录

序号	专业分类	工艺名称	限用内容	限用原因	建议采取的控制措施	备注
焊接及特种加工（2 项）						
1	焊接及特种加工	熔焊通用工艺	结构件焊接，不宜采用十字交叉焊接接头	易导接接头交叉处局部焊缝残余应力较大	应避免在交叉处起弧、收弧或采用丁字等其他接头方式	QJ2698—95 铝及铝合金熔焊通用技术条件（其他各类材料焊接工艺参照执行）
2	焊接及特种加工	熔焊通用工艺	不宜在下列环境条件下焊接：超高强度钢熔焊低于 18 ℃，结构钢，不锈钢熔焊、铝及铝合金熔焊低于 15 ℃，其余易产生裂纹度高于 75%料熔焊低于 10 ℃，焊接环境湿度高于 15 ℃	易产生裂纹、气孔等焊接缺陷	生产现场应建立保证焊接质量所需的环境条件	QJ175—93 超高强度钢熔焊通用技术条件；QJ788—89 钛合金熔焊通用工艺；QJ1843A—96 结构钢、不锈钢熔焊工艺规范；QJ2864—2011 铝及铝合金熔焊工艺规范
表面工程（25 项）						
3	表面工程	镀覆工艺	不宜采用氧化物电镀工艺	污染环境，危害人体健康	在取得公安、环保部门认可的情况下可限制使用	国家发改委 21 号令《产业结构调整指导目录》(2011 年本)(修正)
4	表面工程	镀覆工艺	以螺纹、压合、搭接、铆接、点焊、单面焊构成的部组件不宜镀覆	缝隙难于清洗干净，易产生腐蚀	设计部门应先与工艺部门商定，并制订双方同意的技术收规范；尽可能在连接之前，以零件状态镀覆；工艺应制定清洗或局部保护控制措施；装配前进行观检查、防止已腐蚀的部组件装入产品	GB/T12611—2008 金属零（部）件镀覆前质量控制技术要求
5	表面工程	镀覆工艺	有缝隙或气孔的焊接部组件不宜镀覆	镀后残余溶液清洗不净，易产生腐蚀	镀覆后进行清洗并及时用压缩空气吹干。必要时可对焊缝部位涂漆保护；装配前进行观检查、防止已腐蚀的部组件装入产品	GB/T12611—2008 金属零（部）件镀覆前质量控制技术要求

续表

序号	专业分类	工艺名称	限用内容	限用原因	建议采取的控制措施	备注
6	表面工程	镀覆工艺	黑色金属和有色金属件构成的组合件或由不同有色金属构成的组合件不宜镀覆	易产生电偶腐蚀	设计部门应先与工艺部门商定，并制订双方同意的技术验收规范；工艺应设定局部保护控制措施；装配前进行外观检查，防止已腐蚀的部组件装入产品	GB/T12611—2008 金属零（部）件镀覆前质量控制技术要求
7	表面工程	镀覆工艺	带有复杂内腔或成形气囊不易排除的零件不宜镀覆	膜层不连续，易产生腐蚀	设计部门应先与工艺部门商定，并制订双方同意的技术验收规范在不影响产品使用的部位留有便于液、气体排出的工艺孔	GB/T12611—2008 金属零（部）件镀覆前质量控制技术要求
8	表面工程	镀覆工艺	工作中受摩擦的零件不宜镀锌	镀层不耐磨	设计部门应对能否满足产品性能进行分析	GJB/Z594A2000 金属镀覆层和化学覆盖层厚度系列；QJ450B—2005 金属镀覆层厚度系列与选择原则
			具有渗碳表面的零件不宜镀锌	易产生氢脆，除氢处理可能降低渗碳零件表面硬度	严格按 QJ452 标准要求执行	
9	表面工程	镀覆工艺	要求导电、导磁的零件、镀锌、镀镉层不宜钝化处理	钝化膜影响导电、导磁性能	设计部门应根据零件使用环境严格控制选用；若选用，应对产品进行电磁性能测试，确保满足性能要求	GJB/Z594A—2000 金属镀覆层和化学覆盖层选择原则与厚度系列；QJ450B—2005 金属镀覆层厚度系列与选择原则
10	表面工程	镀覆工艺	在含硫化物的气氛中工作的零件不宜镀镉	易产生腐蚀	若选用，设计部门应对能否满足产品性能进行分析	GJB/Z594A—2000 金属镀覆层和化学覆盖层选择原则与厚度系列；QJ450B—2005 金属镀覆层厚度系列与选择原则
			表面受摩擦的零件不宜镀镉	镀层不耐磨	严格按 QJ453 标准要求执行	
			具有渗碳表面的零件不宜镀镉	易产生氢脆，除氢处理可能降低渗碳零件表面硬度		
11	表面工程	镀覆工艺	直径大于或等于 10 mm 的 30CrMnSiA 等高强度钢螺栓不宜电镀镉；厚度小于 0.5 mm 的钢制薄片零件不宜电镀镉；钢制弹性零件不宜电镀镉	易产生氢脆	严格执行氢脆预防措施；采用低氢脆镀镉或其他无氢脆镀覆；弹性零件镀后应 100% 按有关标准进行加载试验	GJB/Z594A—2000 金属镀覆层和化学覆盖层选择原则与厚度系列；QJ450B—2005 金属镀覆层厚度系列与选择原则

续表

序号	专业分类	工艺名称	限用内容	限用原因	建议采取的控制措施	备注
12	表面工程	镀覆工艺	镀铜不宜做为黑色金属在大气条件下的独立防护层	易产生腐蚀	应采用铜/镍、铜/镍/铬镀层	GJB/Z594A—2000 金属镀覆层和化学覆盖层选择原则与厚度系列；QJ450B—2005 金属镀覆层厚度系列与选择原则
			要求耐磨的零件不宜镀铜	镀层不耐磨	选用其他防护方案	
13	表面工程	镀覆工艺	在矿物油类中工作的零件不宜镀镍	易产生腐蚀	设计部门应对能否满足产品性能进行分析	GJB/Z594A—2000 金属镀覆层和化学覆盖层选择原则与厚度系列；QJ450B—2005 金属镀覆层厚度系列与选择原则
			长期处于以硝酸为基的氧化剂及其蒸汽条件下工作的零件不宜镀硬铬；长期与过氧化氢接触的零件不宜镀硬铬	易产生腐蚀	设计部门应对能否满足产品性能进行分析	
14	表面工程	镀覆工艺	在海洋大气或海水条件下工作的零件不宜镀硬铬	易产生腐蚀	设计部门应先与工艺部门商定，并制订双方同意的技术验收规范	GJB/Z594A—2000 金属镀覆层和化学覆盖层选择原则与厚度系列；QJ450B—2005 金属镀覆层厚度系列与选择原则
			形状复杂的零件不宜镀硬铬；螺纹零件的螺纹部位不宜镀硬铬	镀硬铬深镀能力差，镀层不均匀	设计部门应先与工艺部门商定，并制订双方同意的技术验收规范	
			受冲击载荷的零件不宜镀硬铬	镀层内应力大、脆性大，可能导致高硬度基体金属开裂	设计部门应对能否满足产品性能进行分析	
			高硬度的淬火零件不宜镀硬铬			
15	表面工程	镀覆工艺	对几何形状较复杂的零件及不易装挂的零件不宜镀黑铬	镀层外观不均匀	建议改为镀镍，并进行黑化处理	GJB/Z594A—2000 金属镀覆层和化学覆盖层选择原则与厚度系列；QJ450B—2005 金属镀覆层厚度系列与选择原则
16	表面工程	镀覆工艺	镀锡不宜做为黑色金属在大气条件下的独立防护层；在浓过氧化氢中工作的零件不宜镀锡	易产生腐蚀	建议镀锡前用镀铜打底	QJ450B—2005 金属镀覆层厚度系列与选择原则

续表

序号	专业分类	工艺名称	限用内容	限用原因	建议采取的控制措施	备注
17	表面工程	镀覆工艺	镀银不宜做为大气条件工作的黑色金属独立防护层	易产生腐蚀	建议镀银前用镀铜打底	GJB/Z594A—2000 金属镀覆层和化学覆盖层选择原则与厚度系列；QJ450B—2005 金属镀覆层厚度系列与选择原则
			与含硫的非金属材料相接触的零件不宜镀银	易产生腐蚀	设计部门应对能否满足产品性能进行分析	
18	表面工程	镀覆工艺	强度大于或等于 1 650 MPa 的高强钢，未经去除残余应力处理时不宜化学氧化	易产生碱脆（有残余应力的高强度钢在热强碱条件下的脆断）	成型后回火处理或去除残余应力后进行化学氧化	GJB/Z594A—2000 金属镀覆层和化学覆盖层选择原则与厚度系列；QJ450B—2005 金属镀覆层厚度系列与选择原则；QJ474—1988 钢铁零件化学氧化膜层技术条件
19	表面工程	镀覆工艺	要求保持零件处理前的表面粗糙度或尺寸精度的零件不宜磷化	磷化增加表面粗糙度，影响尺寸精度		GJB/Z594A—2000 金属镀覆层和化学覆盖层选择原则与厚度系列；QJ450B—2005 金属镀覆层厚度系列与选择原则
			钎焊和受摩擦的零件不宜磷化	易腐蚀钎焊剂、膜层不耐磨		
			薄或细的弹性零件不宜磷化	磷化可能损失基体有效尺寸、变形时磷化膜易损伤		
20	表面工程	镀覆工艺	厚度小于或等于 1 mm 的零件不宜硫酸阳极化	阳极化会损失基体有效厚度	设计部门应对能否满足产品性能进行分析	GJB/Z594A—2000 金属镀覆层和化学覆盖层选择原则与厚度系列；QJ450B—2005 金属镀覆层厚度系列与选择原则
21	表面工程	镀覆工艺	铝铜合金含铜量大于 5%，铜、硅总含量大于 7.5% 的零件不宜铬酸阳极化	形成不连续阳极化膜，耐腐蚀性差	设计部门应对能否满足产品性能进行分析	GJB/Z594A—2000 金属镀覆层和化学覆盖层选择原则与厚度系列；QJ450B—2005 金属镀覆层厚度系列与选择原则

续表

序号	专业分类	工艺名称	限用内容	限用原因	建议采取的控制措施	备注
22	表面工程	镀覆工艺	2A11、2A12 材料不宜绝缘阳极化；厚度等于或小于 0.6 mm 的铝合金板材不宜绝缘阳极化	含铜量高，氧化膜不连续或绝缘性能不良；阳极化会损失有效厚度	设计部门应对能否满足产品性能进行分析	GJB/Z594A—2000 金属镀覆层和化学覆盖层选择原则与厚度系列；QJ450B—2005 金属镀覆层厚度系列与选择原则
23	表面工程	镀覆工艺	零件的螺纹部位不宜硬质阳极化；对疲劳性能要求高的零件不宜硬质阳极化；承受冲击载荷的零件不宜硬质阳极化；厚度小于或等于 1 mm 的零件不宜硬质阳极化	硬质阳极化厚、脆、易崩落；硬质阳极化会损失有效厚度	设计部门应对能否满足产品性能进行分析	GJB/Z594A—2000 金属镀覆层和化学覆盖层选择原则与厚度系列；QJ450B—2005 金属镀覆层厚度系列与选择原则
24	表面工程	镀覆工艺	含铜量大于 2.5%的锻铝合金及铸造铝合金不宜导电氧化	形成不连续氧化膜，耐腐蚀性差	设计部门应对能否满足产品性能进行分析；允许在良好环境下（见 GJB/Z594A、QJ450B）采用	GJB/Z594A—2000 金属镀覆层和化学覆盖层选择原则与厚度系列；QJ450B—2005 金属镀覆层厚度系列与选择原则
25	表面工程	镀覆工艺	含有镀锌、镀镉零件的产品包装、储存禁止使用和存在 QJ2921—97 表 A1 所列的有机气氛的材料	有机气氛造成镀锌、镉层腐蚀（有密集的白色疏松点，且腐蚀总面积小于 25%（QJ2921—97））	按 QJ2921—97 采取措施	QJ2921—97 锌层、镉层抗腐蚀性技术要求
26	表面工程	热喷涂工艺	表面粘有油、脂的零件不宜直接吹砂粗化	可能污染零件和砂粒粘着，影响涂层结合强度	应先脱油、脂，后吹砂	GB11373—89 热喷涂金属件表面预处理通则
27	表面工程	热喷涂工艺	吹砂粗化后的零件放置时间不宜超过 12 h，雨天或潮湿天气不宜超过 2 h	吹砂表面可能再次氧化，影响涂层结合强度	严格控制吹砂与下一道工序的时间间隔	GB11373—89 热喷涂金属件表面预处理通则
无损检测（4 项）						
28	无损检测	渗透检测	不宜使用与产品材料或产品可能接触介质不相容的渗透剂	不易清洗干净，可能引起介质相互反应	渗透剂应经过相容性试验证明相容，方可使用	

续表

序号	专业分类	工艺名称	限用内容	限用原因	建议采取的控制措施	备注
29	无损检测	中子照相	不宜用于照射后材料性能发生变化的产品	易造成材料性能降低	检测前应经过性能比对试验，证明满足使用要求后，方可使用	GJB1187A—2001 射线检验
30	无损检测	射线检验	一般情况下，不宜使用金属荧光屏和荧光增感屏	可能导致检测结果不准确	检测时应增加射线能量，提高射线穿透能力	
31	无损检测	射线检验	对附有电子器件的产品进行 X 射线照相时，X 射线电压应尽可能低，不超过 200 KVe	电压过高可能使电子器件提前失效	应对有电子器件的产品进行遮挡防护，确保电子器件所受射线能量小于 200 KVe	GJB548B—2005 微电子器件试验方法和程序 2012.1x 射线照相
热加工（7 项）						
32	热加工	热处理工艺及锻造加工工艺	若加热介质对工件有腐蚀及其他有害影响，不宜采用热浴加热方式	介质残留，易产生腐蚀	及时清除工件上沾附的介质或采用辐射式热处理炉	GB/T16923—2008 钢件的正火与退火
33	热加工	渗硼工艺	工件渗硼后不宜加工	易引起脆断	采用绿色碳化硅砂轮精磨立方氮化硅、金刚石磨料进行研磨	JB/T4215—2008 渗硼
34	热加工	气体渗氮工艺	渗氮件不宜校正	校正后产生残余应力，易脆性断裂	校正后，应立即进行去应力退火及探伤	GB/T18177—2008 钢的气体渗氮处理
35	热加工	不锈钢和耐热钢热处理工艺	有回槽、盲孔的工件、铸件和焊接件及加工成型的不锈钢工件不宜采用盐浴炉中加热	易产生多余物和腐蚀	及时清理凹槽、盲孔及零件表面的残留介质，避免腐蚀及多余物	
			马氏体不锈钢和耐热钢工件淬火后应及时回火，时间间隔不宜过长	易产生开裂和变形	淬火后应及时回火，时间间隔不超过 4 h，含碳量较低、形状简单的工件，不超过 16 h	JB/T9197—2008 不锈钢和耐热钢热处理
			由马氏体不锈钢和耐热钢组成的焊接组合件，焊接和其后热处理的时间间隔不宜过长	易产生开裂和变形	焊接和其后热处理的时间间隔不超过 4 h	
			马氏体不锈钢和耐热钢焊接组合件，焊接后一般不宜采用酸洗的方法进行清理	易产生氢腐蚀	通过氢脆敏感性试验，确定酸洗后的除氢工艺	

续表

序号	专业分类	工艺名称	限用内容	限用原因	建议采取的控制措施	备注
36	热加工	变形铝合金热处理工艺	硝盐槽加热时，零件与槽壁、槽底及液面应不小于100 mm	介质残留，易引起腐蚀	根据硝盐槽有效加热区设置专用工装，保证不小于100 mm	QJ/Z127—84 变形铝合金的热处理
			焊接件不宜在硝盐中加热		应采取工艺与检验措施，及时清除工件上沾附的介质	
37	热加工	结构钢热处理工艺	对直径7~15 mm的中碳钢不宜在水中直接淬火	易造成开裂	采用水油分级淬火或具有防裂效果的淬火剂	QJ2538—93 结构钢的热处理
38	热加工	铝合金铸造工艺	熔炼过程中，合金最高温度不应超过780℃，合金液在炉中停留的时间不宜过长	易引起烧损，导致成分变化	严格控制熔炼温度，每一炉的时间，砂型铸造不得超过6 h，金属型铸造不得超过9 h	QJ1182A—2005 铸造铝合金熔炼规范

非金属及复合材料构件加工（1项）

序号	专业分类	工艺名称	限用内容	限用原因	建议采取的控制措施	备注
39	非金属及复合材料构件加工	复合材料成型用脱模材料工艺	在复合材料成型过程中，对后续工序有粘接界面的制品不宜用有迁移性脱模材料	影响制品的界面粘接性能	在零件入下道工序时，或粘接前，对粘接面进行打磨或吹砂处理	

电装（15项）

序号	专业分类	工艺名称	限用内容	限用原因	建议采取的控制措施	备注
40	电装	焊剂材料工艺	不宜使用免清洗焊剂	使用免清洗焊剂，在常规清洗时，易留残留物影响可靠性	确保清洗后残留物符合标准要求	QJ165B 航天电子电气产品安装通用技术要求
41	电装	焊接材料工艺	印制电路板组装件焊接不宜使用非锡铅共晶焊料	影响焊点可靠性和连接强度	采用锡铅共晶焊料或试验验证所用焊料的可靠性	QJ3117A—2011 航天电子电气产品手工焊接工艺技术要求
42	电装	导线（引线）端头处理工艺	导线绝缘层的剥除不宜使用机械冷剥	易损伤芯线	导线绝缘层的剥除应使用热控型剥线工具；机械剥线钳，并做到钳口与导线规格的精密唯一性；对于带金属屏蔽网层的多股导线，外绝缘层去除可以采用机械冷剥，但应保证不得损伤屏蔽网及芯线	QJ3268—2006 导线端头处理工艺技术要求

续表

序号	专业分类	工艺名称	限用内容	限用原因	建议采取的控制措施	备注
43	电装	导线(引线)端头处理工艺	剪切多余的导线或引线端头时,不宜使用普通剪线钳	易产生多余物	剪切多余的导线或引线端头使用留肩钳	QJ3117A—2011 航天电子电气产品手工焊接工艺技术要求
44	电装	元器件引线成形工艺	元器件引线线径大于 1.3 mm 或径小于 1.3 mm 的硬引线(回火引线),不宜弯曲成形	损伤元器件密封及引线与内部的连接	必须弯曲时,要有防止元器件损伤的措施(如专用工装保护)	QJ3012—98 航天通孔安装技术要求;QJ3171—2003 航天电子电气产品元器件成形技术要求
45	电装	元器件(导线)安装工艺	每个接线端子上焊接不宜超过三根导线	焊接部位易产生焊接缺陷	采取经验证的可确保焊接可靠性的措施	QJ3011—1998 航天电子电气产品焊接通用技术要求
46	电装	元器件(导线)安装工艺	每个焊杯内导线芯线的数量应限制在能与焊杯内壁整个高度都相接触为宜,不宜超过三根。导线芯线总线径与焊杯内径之比一般为 0.6~0.9	焊接部位易产生焊接缺陷	采取经验证的可确保焊接可靠性的措施	QJ3117A—2011 航天电子电气产品手工焊接工艺技术要求
47	电装	元器件(导线)安装工艺	易损插装元器件(如玻璃二极管等)需三防漆保护时不宜贴板安装	三防漆应力作用易损伤元器件	抬高 0.25~1.0 mm 距离安装,并确保二极管与印制板之间不被三防漆粘连	
48	电装	印制板焊接工艺	插装元器件焊接不宜使用先焊后剪工艺	剪切力易影响焊点可靠性	如采用,其焊点必须重熔	QJ3117A—2001 航天电子电气产品手工焊接技术要求;QJ3011—1998 航天电子电气产品焊接通用技术要求
49	电装	清洗工艺	不宜使用气相清洗工艺	污染环境	若采用气相清洗工艺,必须采用国家允许的环保型清洗液	关于消耗臭氧层物质的蒙特利尔议定书
50	电装	粘固工艺	不宜使用环氧胶粘剂粘固元器件	易损伤元器件	采用环氧胶粘固元器件,不应遮盖焊盘,胶液不得流向元器件与其他易损元器件的地方。易损元器件(如玻璃二极管等)粘固前应套上柔性绝缘套管	QJ3215—2005 航天电子电气产品环氧树脂胶粘合剂粘固技术要求

续表

序号	专业分类	工艺名称	限用内容	限用原因	建议采取的控制措施	备注
51	电装	粘固工艺	变压器、阻流圈、继电器等大质量元器件不仅采用硅橡胶粘固	元器件易在机械应力作用下脱开	应采用机械加固工艺，辅助硅橡胶粘固	QJ3258—2006 航天电子电气产品硅橡胶粘固和灌封技术要求
52	电装	印制板修复与改装工艺	不宜仅用电烙铁清除焊点的焊料	印制电路板焊盘及元器件易过热频伤	使用带真空泵的连续吸锡装置或吸锡绳等方法清除焊料	QJ2940A—2001 航天用印制电路板组装件修复和改装技术要求
53	电装	印制板修复与改装工艺	印制电路板组装件上的焊盘、解焊不宜超过一次（即只允许更换一次元器件）	多次焊接影响可靠性	超标按 QJ2940A 的规定处理	QJ2940A—2001 航天用印制电路板组装件修复和改装技术要求
54	电装	印制板修复与改装工艺	单块印制电路板组装件，修复的总数不宜超过 6 处；任意 25 cm² 的面积内，涉及焊接操作的修复不宜超过 3 处、涉及粘接的修复不宜超过 2 处，改装总数不宜超过 2 处	过多的修复和多次改装影响可靠性	超标按 QJ2940A 的规定处理	QJ2940A—2001 航天用印制电路板组装件修复和改装技术要求

参 考 文 献

[1] 张海利，李涛．航天物资保证［M］．北京：中国宇航出版社，2012．

[2] 张海利．航天科技集团公司型号物资一体化管理平台研究［D］．哈尔滨工业大学，2006．

[3] 中国航天科技集团公司物资管理办公室．航天型号物资管理规章制度汇编［G］．北京，2017．

[4] 徐强．在航天科技集团公司第四次型号物资工作会上的讲话［A］．北京，2017．

[5] 余斌．型号物资工作体系建设指导意见［Z］．北京，2017．

[6] 袁家军．航天产品工程［M］．北京：中国宇航出版社，2011．

[7] 袁家军．神舟飞船系统工程管理［M］．北京：机械工业出版社，2006．

[8] 王礼恒．中国航天的科学管理［J］．中国航天，2007，3．

[9] 李福昌．运载火箭工程［M］．北京：中国宇航出版社，2002．

[10] 薛成位．弹道导弹工程［M］．北京：中国宇航出版社，2002．

[11] 徐福祥．卫星工程［M］．北京：中国宇航出版社，2002．

[12] 夏泓，余振醒．航天元器件工程［M］．北京：中国宇航出版社，2012．

[13] 王转，张庆华，鲍新中．物流学［M］．北京：中国物资出版社，2006．

[14] 马士华．供应链管理［M］．第 2 版．北京：机械工业出版社，2005．

[15] 崔介何．物流学［M］．北京：北京大学出版社，2003．

[16] 丁立言，张铎．物流系统工程［M］．北京：清华大学出版社，2000．

[17] 陈秋双．现代物流系统概论［M］．北京：中国水利水电出版社，2005．

[18] 约翰·科伊尔，爱德华·巴蒂，小约翰·兰利．企业物流管理供应链视角［M］．第 7 版．文武，
陈志杰，张彦，译．北京：电子工业出版社，2003．

[19] 中国航天科技集团公司．中国航天科技集团公司廉洁文化手册［E］．北京．2013．

[20] 中国航天科技集团公司．中国航天科技集团公司质量文化手册［E］．北京．2012．

[21] 刘纪原．中国航天事业发展的哲学思想［M］．北京：北京大学出版社，2013．

[22] 李洪．把成功作为信仰［M］．北京：首都经济贸易大学出版社，2015．

[23] 罗道军，贺光辉，邹雅冰．电子组装工艺可靠性技术与案例研究［M］．北京：电子工业出版
社，2015．

[24] 中国运载火箭技术研究院．物资保证零缺陷指南［E］．北京．2013．